人工湿地生态系统功能研究

朱四喜　王凤友　杨秀琴　吴云杰　赵　斌　著

科学出版社
北　京

内容简介

本书主要研究高氮供应的人工湿地中植物多样性对生产力、基质无机氮、氮矿化与基质营养季节动态的影响，揭示人工湿地中植物多样性与生态系统功能（如生产力和营养保持）的关系，为完善生物多样性与生态系统功能关系的研究提供新的实验支持，并为人工湿地的植物合理配置及其科学管理提供依据。

本书可为从事湿地生态学研究方面的科研人员提供科学指导，也可为生态学、环境科学与工程的本科生及研究生，以及湿地保护等生产实践人员提供参考。

图书在版编目(CIP)数据

人工湿地生态系统功能研究 / 朱四喜等著. —北京：科学出版社，2018.12

ISBN 978-7-03-060347-0

Ⅰ. ①人… Ⅱ. ①朱… Ⅲ. ①人工湿地系统-研究Ⅳ. ①X703

中国版本图书馆 CIP 数据核字（2018）第 298402 号

责任编辑：张 展 孟 锐 / 责任校对：彭 映

责任印制：罗 科 / 封面设计：墨创文化

科学出版社出版

北京东黄城根北街16号

邮政编码：100717

http://www.sciencep.com

成都锦瑞印刷有限责任公司印刷

科学出版社发行 各地新华书店经销

*

2018 年 12 月第 一 版 开本：B5（720×1000）

2018 年 12 月第一次印刷 印张：9

字数：184 000

定价：80.00 元

（如有印装质量问题，我社负责调换）

前　言

生物多样性与生态系统功能关系是当前生态学领域所研究的热点问题之一。以往大多数生物多样性与生态系统功能关系研究是在氮限制草地生态系统中开展的，然而在植物生长所需资源不受氮限制时，生物多样性与生态系统功能的关系变化将会如何，至今仍缺少相关研究。作为废水处理生态技术之一，复合垂直流人工湿地具有基质组成一致，废水灌溉量、污染物载荷量及水滞留时间均匀可控等优点，而且其下行池可提供高氮的中生环境，因而为开展人工湿地中植物多样性与生态系统功能关系的研究提供了平台。

本书主要研究了高氮供应的人工湿地中植物多样性对生产力、基质无机氮、氮矿化与基质营养季节动态的影响，揭示了人工湿地中植物多样性与生态系统功能(如生产力和营养保持)的关系，为完善生物多样性与生态系统功能关系的研究提供新的实验支持，并为人工湿地的植物合理配置及其科学管理提供依据。

本书分为 7 部分：第 1 章，生物多样性与生态系统功能研究进展；第 2 章，人工湿地中植物多样性对生产力的影响；第 3 章，人工湿地中植物多样性对基质无机氮的影响；第 4 章，人工湿地中植物多样性对基质营养季节动态的影响；第 5 章，模拟人工湿地中铬胁迫对不同湿地植物生理生态与铬积累的影响；第 6 章，模拟人工湿地中不同湿地植物对中药废水的生理生化响应；第 7 章，结论与展望。

本书得到 2015 年国家自然科学基金项目“铬胁迫下人工湿地植物多样性对生态系统功能的影响机制研究”(31560107)、2018 年贵州省科技厅科技支撑计划项目(黔科合支撑[2018]2807)、2017 年贵州省研究生科研基金项目(KYJJ2017006)和贵州民族大学“环境科学与工程”学科团队建设经费的资助，同时，本书在编写过程中得到贵州民族大学生态环境工程学院师生的帮助，在此一并表示感谢！

由于作者水平及写作时间有限，疏漏之处在所难免，欢迎批评指正。

目　　录

第1章 生物多样性与生态系统功能研究进展

1.1 生物多样性与生态系统功能关系的研究进展

生物多样性与生态系统功能(biodiversity–ecosystem function，BEF)关系的研究是当前备受生态学界关注的热点问题之一(Cameron，2002；Scherer–Lorenzen，2005；Hooper et al.，2005；Duffy，2009)。在过去的十几年中，利用植物(van Ruijven and Berendse，2005；Bessler et al.，2009；Vonfelten et al.，2009)、动物(Ives，2005；Creed et al.，2009；Schmitz，2009)、微生物(Morin and Meorady-Steed，2004)所做的大量的野外观察、人工调控及理论模型研究，探讨了生物多样性对生态系统功能的影响。这些研究就植物物种多样性对群落生产力(Hector et al.，1999；Mulder et al.，2002；Fridley，2003；Hooper and Dukes，2004；Roscher et al.，2008；Bessler et al.，2009；Vonfelten et al.，2009)、养分循环(Hooper and Vitousek，1998；Scherer-Lorenzen et al.，2003；Fornara and Tilman，2008；Fornara et al.，2009)以及稳定性(Tilman，1996；Kennedy et al.，2002；Tilman et al.，2007)的作用进行了评价，表明植物多样性对生态系统功能有重要影响，并对其机理做了解释(Zobel and Pärtel，2008；Cardinale et al.，2009；Fornara and Tilman，2009)。

1.1.1 生物多样性与生态系统功能的生态学含义

生物多样性(biodiversity)的含义包括生命有机体及其赖以生存的生态综合体的多样化和变异性(常杰和葛滢，2001a；UNEP，1995；Freedman，1998；Scherer–Lorenzen，2005；Roscher et al.，2008；Wacker et al.，2009)。在生态学意义上，植物多样性是指植物在生长发育与环境中相互依存所构成的特定群落关系与其生态系统，其研究的重点是植物群落在生长发育中与其环境之间相互作用构成的生态系统中的作用，及环境对它的影响，从而达到既保护环境又充分利用植物资源的双赢。其中，物种丰富度是生物多样性最基础和最关键的层次(Dybzinski et al.，2008；Flombaum and Sala，2008)，且物种丰富度常用来表示物种多样性 (Tilman et al，1997a、b；Tilman，1999；Flombaum and Sala，2008；Marquard et al.，2009；

Spooner and Vaughn，2009）。在生物多样性与生态系统功能关系的大多数研究中，常用物种的数目或基因数目（即物种丰富度）来代替生物多样性（Srivastava and Venend，2005）。

生态系统功能（ecosystem function），是指生态系统作为一个开放系统，其内部及其与外部环境之间所发生的物质循环、能量流动和信息传递的总称。其主要研究生态系统的生产力变化、系统稳定性和营养物质动态（Tilman and Downing，1994；Tilman，1999）。生态系统功能最终总是通过物种来实现的（Chirstensen et al.，1996；Daily，1997；千年生态系统评估委员会，2005；Scherer–Lorenzen，2005；Marshall et al.，2011）。

功能群，是指能对某一生态系统功能（或生态过程）产生一致影响，或对特定环境因素有相似反应的一类物种（孙国钧等，2003；Wilson，1999；Eviner et al.，2003；Scherer-Lorenzen，2005；Dybzinski et al.，2008），常用于研究物种丰富度对生态系统功能的影响（Diaz and Cabido，1997；Symstad et al.，2000；Wang and Ni，2005）。植物功能群是具有确定的植物功能特征的一系列植物组合，是研究植被随环境动态变化的基本单元（Smith，1996；Fornara and Tilman，2008）。功能群丰富度是指功能群的数目，且等同于功能群多样性（Bengtsson，1998；Scherer–Lorenzen，2005）。

生态系统功能不仅依赖于物种的数目（即物种丰富度），而且依赖于物种所具有的功能特征（即物种功能群）（Hooper and Vitousek，1997；Symstad et al.，2000；Díaz et al.，2004；Fornara et al.，2009）。Tilman 等（1997a）在 Cedar Creek Natural History Area 进行的草地群落植物多样性与生态系统功能关系研究的实验中，将植物分为豆科植物、C_3 草本植物、C_4 草本植物、木本植物和非禾本科草类植物 5 个功能群。

1.1.2 植物多样性与生产力的关系

生态系统生产力水平是生态系统功能的重要表现形式，而植物群落生产力则是生态系统生产力的基础（Tilman et al.，1996，2001；Spehn et al.，2005；van Ruijven and Berendse，2005，2009；江小雷等，2010）。因此，研究植物多样性与植物群落生产力的关系，对于阐明植物多样性对生态系统功能的作用具有重要意义（贺金生等，2003；Mittelbach et al.，2001；Roscher et al.，2008；van Ruijven and Berendse，2009）。对许多人工系统、半人工系统及天然草地植物群落的研究表明，植物多样性对生态系统功能（尤其是植物群落生产力）有重要影响（Tilman et al.，1996；Hector et al.，1999；Huston et al.，2000；Fridiey，2003；Flombaum and Sala，2008）。

许多研究表明植物物种丰富度与生产力密切相关，其相关格局主要有 3 种形式：①群落生产力随物种丰富度增加而增加(Spehn et al.，2005；van Ruijven and Berendse，2005；Fornara and Tilman，2009；Marquard et al.，2009；Zhu et al.，2010)；②群落生产力随物种丰富度的增加而减少(Hector et al.，1999；Pfisterer and Schmid，2002；Hooper et al.，2005；Grace et al.，2007；Creed et al.，2009)；③群落生产力随物种丰富度的增加而增加，在物种丰富度水平中等时达到最大，之后随物种丰富度的继续增加而下降，即呈单峰格局(杨殿林，2005；江小雷，2006；马文红和方精云，2006；Hector et al.，1999；Safford et al.，2001；Hooper et al.，2005；Wacker et al.，2009)。

1.1.3　生产力限制因子的研究

在生态系统中，生产力受不同环境变量——如气候、基质(即土壤)类型和干扰机制(火灾、食草、践踏等)——的影响，同时这些环境变量相互作用还会影响植物生长所需的可利用资源(氮、磷、水等)的数量和类型(Fornara and Tilman，2009)。有关氮、磷、水等因子的研究已有很多，其中以氮的研究为最多，因为基质氮供应量有限，而氮又是植物生产力的限制性因子(Vitousek and Howarth，1991；Spehn et al.，2005；Fornara and Tilman，2009)。因而，目前研究氮利用和保持的机制也最多，可归纳为以下 4 种机制。

第一种：由于植物丰富度较高的植物群落比多样性较低的群落能更完全地利用基质中的可利用氮(硝态氮、铵态氮)，因此表现为植物多样性与生产力呈正相关，而植物多样性与基质中氮含量呈负相关(Tilman et al.，1996；Hooper and Vitousek，1997；Hector et al.，2002；Hooper et al.，2005；Spehn，2005)。

Hooper 和 Vitousek(1997)发现：在较高多样性植物群落中，会出现生长季节植物根部的基质平均氮(硝态氮、铵态氮)含量较低的现象。于是他们提出了诸如不同植物种类或功能群植物有不同的根系深度、不同的摄取营养的生理特征、不同的营养利用能力等，来解释这一根部区域基质在植物生长季节低氮含量现象发生的原因。然而，它不能够清楚解释究竟有多少和哪些功能群对减少氮含量可能起到作用，以及它们是如何影响氮季节性供应和利用的。

第二种：由于高物种丰富度能促进微生物分解基质有机物释放铵根离子，从而导致更大的总氮矿化率，因此植物物种丰富度与氮利用呈正相关。

Zak 等(2003)使用 ^{15}N 同位素稀释技术证明高物种丰富度能促进微生物分解基质有机物释放铵根离子，从而导致更大的总氮矿化率。换言之，物种丰富度高的植物群落，通过微生物的正效应，间接地增加生态系统的氮循环速率。Chapin 等(2002)、Booth 等(2005)与 Fornara 和 Tilman (2008)认为，在铵离子同时被植物和微生物竞争利用的情况下，由于铵离子容易被基质中矿物和有机物的负电荷吸附到其表面，这可能会导致生物可利用铵离子的估计量受基质有机物大小影响，从而使氮的利用率在生物丰富度较高时更大。

Schimel 和 Bennett（2004）的研究认为，测量基质净矿化率可以代表一种间接的植物摄取利用氮的相关指标。在豆科植物中，由于存在对硝化作用强烈的正效应(铵根离子和硝酸根离子的转变)，所以 Scherer–Lorenzen 等(2003)认为，在有豆科植物的基质中，硝酸根离子积累率对氮吸收有显著的影响，进而作用于地上生产力。然而，在植物丰富度效应方面，却出现了降低的结果。对此，Schimel 和 Bennett（2004）认为，这可能是因为同位素稀释技术处理而导致对实际的比率不能够做出完全评价。

第三种：在某些情况下，物种丰富度高的植物群落能增加氮利用率（van Ruijven and Berendse，2005；Fargione et al.，2007），从而能比单种时产生更高的 C、N 比。

Spehn 等(2000)对这种机制解释为：高 C、N 比可用于应对更强的竞争，如在高多样性群落中能获得高光照，以使一些物种长得更高，且通过茎组织中的高 C、N 比来弥补叶组织的低 C、N 比。

第四种：植物组织本身存在的氮“库”，决定了其生产力的高低。

Hector 等(1999)、Spehn 等(2005)与 Fargione 等(2007)认为，植物较高生产力源自其本身较高的植物组织氮库，尤其是多年生草本植物的根获取和固定氮的能力可能与此相关。但是，这一解释并没有能说明为什么氮储存会随着植物多样性增加而增加。因此，Mulder 等(2002)认为，必须引入其他机制来解释为什么氮储存会随着植物多样性增加而增加。

1.1.4 植物多样性与基质营养的关系

植物多样性与基质营养的关系尚无定论(Oelmann et al.，2007；Fornara and Tilman，2008；Vonfelten et al.，2009；van Ruijven and Berendse，2009)。植物能通过互补效应或生态位分化来影响营养循环，不同物种能获得不同比例的可利用营养。营养总吸收量可以随着植物多样性的增加而增加，而淋溶的营养损失随着植物多样性的增加而减少(Hooper and Vitousek，1998；West et al.，2006；Dijkstra et al.，2007)。在多样性植物群落中，以一种或少数几种物种的营养吸收为主，而且与单种植物群落有相似的营养利用效应(Tilman and Wedin，1991；Palmborg et al.，2005；Oelmann et al.，2007；Fornara and Tilman，2008；Dybzinski et al.，2008)。

研究表明：植物多样性对基质无机氮有重要影响，但植物多样性与基质无机氮(硝态氮与铵态氮)含量的相关性不显著(Hooper and Vitousek，1998；Kenkel et al.，2000；Scherer–Lorenzen et al.，2003)，或是负相关(Tilman et al.，1996，1997a；

Niklaus et al.，2001；Oelmann et al.，2007；Palmborg et al.，2005；Roscher et al.，2008），或是正相关（Symstad et al.，1998；Dybzinski et al.，2008）。表 1.1 整理了有关植物多样性与基质无机氮相关性的研究结果报道。

表 1.1 生物多样性实验中植物多样性与基质无机氮的关系

样地	群落类型	样方大小/m	样方数	植物多样性与基质无机氮含量的关系	参考文献
美国明尼苏达	北美牧草	13.0×13.0	147	植物物种丰富度与基质硝态氮、铵态氮呈负相关	Tilman et al.，1996
美国明尼苏达	热带草地	13.0×13.0	289	功能群丰富度与基质硝、铵态氮呈负相关，而物种丰富度与无机氮无显著相关	Tilman et al.，1997a
美国加利福尼亚	北美草地	1.5×1.5	60	功能群丰富度与基质硝态氮、铵态氮无显著相关	Hooper and Vitousek，1998
美国明尼苏达	北美草地	9.0×9.0	143	物种丰富度与基质硝态氮呈正相关	Symstad et al.，1998
加拿大曼尼托巴	多年生牧草	3.0×3.0	110	物种丰富度与基质硝态氮无显著相关	Kenkel et al.，2000
瑞士西北	草地	—	—	物种丰富度与基质硝态氮呈负相关	Niklaus et al.，2001
德国布鲁士	多年生牧场（牧草）	2.0×2.0	64	物种丰富度与基质硝态氮无显著相关	Scherer–Lorenzen et al.，2003
瑞典于默奥	维管植物	2.2×5.0	68	物种丰富度与基质硝态氮呈负相关；在纯豆科小区中，物种丰富度与基质硝态氮、铵态氮呈正相关	Palmborg et al.，2005
德国耶拿	温带草地	20.0×20.0	86	物种丰富度与基质硝态氮呈负相关	Oelmann et al.，2007
美国明尼斯达	热带草地	9.0×9.0	168	物种丰富度与基质总氮呈正相关	Dybzinski et al.，2008
德国耶拿	温带草地	3.5×3.5	206	物种丰富度与基质硝态氮呈负相关	Roscher et al.，2008
中国浙江	亚热带植物	3.0×3.0	118	物种丰富度与基质硝态氮呈正相关，与铵态氮无显著相关	Zhu et al.，2010

植物物种可以通过不同的机制影响生态系统营养动力（Vinton and Burke，1995；Hooper et al.，2005；Oelmann et al.，2007；Vonfelten et al.，2009；van Ruijven and Berendse，2009）。在森林与农业生态系统中，有关混种物种对生态系统营养动力的效应，已通过间作实验进行了观察与研究（Vandermeer，1990；Binkley，1992；Morgan et al.，1992；Feehan et al.，2005）。在间作系统中，较多的叶或凋落物覆盖可减少基质淋溶损失（Swift and Anderson，1993），基质动物的群落变化

也会影响混种群落中凋落物的分解与营养流动(Williams，1999；Symstad et al.，2000；Laossi et al.，2008)。Vandermeer (1988，1990)与 Temperton 等(2007)在相对低的多样性群落(即 2～3 个物种)中研究了固氮豆科植物对氮利用性的影响，结果表明豆科可以增加其他物种的可利用氮。

在群落水平上，植物物种丰富度高可以更为连续地(体现在空间、时间、方式上)利用硝态氮与铵态氮，从而植物多样性能显著影响基质无机氮(Corre et al.，2002；Scherer–Lorenzen et al.，2003；Palmborg et al.，2005；Schimel and Bennett，2004；Oelmann et al.，2007；Fornara and Tilman，2008；Zhu et al.，2010)。例如，基质硝态氮不仅由于植物直接吸收而减少，还可由于铵态氮库减少从而导致硝化速率降低。基质硝态氮因种间相互作用而改变，如不同植物枝叶结构的多样化，可以提高光吸收、光合作用、植物生长和氮吸收(Spehn et al.，2000；West et al.，2006；Dijkstra et al.，2007)。研究表明，物种丰富度增加而基质硝态氮减少。同时，物种群落中豆科的出现可显著增加基质硝氮含量，而禾本植物出现则显著减少基质硝氮含量(Oelmann et al.，2007)。

Ewel 等(1991)指出，基质营养库的差异可能是由于不同的植物组成以及植物多样性，例如营养损失在森林群落中要比在一年生群落中少得多。按形态分类的功能群，对生态系统营养循环有不同的影响(Hooper and Vitousek，1998；Vonfelten et al.，2009)，生产力、氮库以及其在地上与地下的分布在各功能群之间，都有所不同，以及地上凋落物的数量与质量在各小区中的不同，都会影响凋落物的分解与氮流(Armstrong，1991；Wacker et al.，2009)。

1.2 生物多样性与生态系统功能关系研究的实验实例

1.2.1 “生态箱”实验

Naeem 等(1994)设计了“生态箱”实验，以验证物种丰富度的丧失对生态系统的影响。“生态箱”是由相互隔离的小室(陆生微宇宙，大小为 2 m×2 m×2 m)组成的空间，并可以人为控制其环境。每一小室内的温度、气流、相对湿度、水分、最初基质状况、最初生物密度、生物的营养级数目等都是一致的。植物种与动物种的总物种数被控制在 9、15、31 三个水平上，以构建具有不同物种丰富度的微宇宙生态系统。该实验主要关注微宇宙生态系统的能流与化学功能。

通过检测 5 种主要生态过程(群落呼吸、分解、营养保持、植物生产力、保墒)发现：物种丰富度高的微宇宙吸收更多的 CO_2，有更高的生产力；但其他生态过程未表现出与物种丰富度明显的关系。Naeem 等(1994)据此认为，物种丰富度对系统生产力有正效应，原因是在多样性高的系统中，植物对空间的占有更有效，会吸收更多的光。反之，物种丰富度的丧失则会使系统生产力受损。"生态箱"实验首次在受控条件下研究了多样性对生态系统功能的影响(Naeem et al.，1994；Wardle et al.，2000)。

1.2.2 Cedar Creek 草地多样性实验

始于 1982 年的 Cedar Creek 草地多样性实验(不加氮)，对营养供给对草地群落生产力、物种动态和物种丰富度的影响做了研究。实验结果显示：丰富度高的群落有着较高的抵抗力和恢复力。Tilman 和 Downing (1994)认为，实验结果表明物种丰富度对群落的抵抗力、恢复力有着显著影响，支持多样性与稳定性假说。

Tilman 等(1996)在 Cedar Creek 再次进行了植物多样性与生产力、可持续性关系的研究实验。实验设在 147 块草地样地(3m×3m)上，使用播种的方法，建立了含有 1 种、2 种、4 种、6 种、8 种、12 种、24 种植物的群落。实验结果表明：物种丰富度高的群落，生产力更高；基质中矿质资源利用得更充分，淋溶损失更少，即营养保持力更强。这也支持了关于物种丰富度对系统生产力和可持续性存在正效应的假说。然而，Huston (1997)认为，是选择效应主导了上述结果，因为含有更多物种的群落具有更大的包含高产物种的可能性，但混种植物群落的生产力往往是由少数高产物种决定的。Tilman 等(2001)指出，物种丰富度对生产力的影响比少数高产物种功能群的作用大，物种丰富度与生态位互补作用对于生态系统功能的影响随着时间推移逐渐增加。

在同一实验地上，Fargione 等(2007)开展了一个长达 10 年(1996～2005 年)的多样性实验来进一步探讨多样性与生产力关系的潜在机制。结果表明，随着时间的推移，影响多样性生产力正相关的机制由取样效应向互补效应转变。

1.2.3 欧洲草地多样性实验

欧洲草地实验(BIODEPTH，即 European Biodiversity Depth Experiments，也叫欧洲生物多样性深度实验，不加氮)是在欧洲 8 个(Switzerland、Germany、Ireland、Sweden、Portugal 和 Greece 各 1 个，Great Britain 2 个)草地上开展的多样性实验。在每块实验草地上，用人为播种的方法，构建具有不同植物物种丰富度(1 种，2 种，4 种，8 种，16 种，32 种)的草地微型生态系统，其目的是调查生物多样性减少对生态系统功能的影响，阐明草地种群动力学与生态生理过程。

实验前两年的结果表明：不同草地内的生态系统，其生产力不同。在不同草地间，群落生产力均随物种数的减少呈对数型下降(Hector et al.，1999)。总物种数相同的群落，若功能群数较少，则其生产力也较低。某些混种群落，尤其是含有豆科植物的群落，存在超产现象。Spehn 等 (2005)在分析欧洲 8 个样地中影响生态系统功能关键因子［生产力、资源使用(空间、光、氮)、凋落物分解等］的作用以后认为：互补效应要比取样效应更稳定、更显著，即较高多样性的植物群落利用资源更为完全，有较高生产力，且地上过程的多样性效应表现比地下过程更为强烈。

Pfisterer 和 Schmid (2002)则在该实验中对水分胁迫环境条件下(干旱)，物种丰富度、生产力和抗干扰能力的相关性做了比较。他指出：低多样性的群落生产力较低，但对干旱的抗性较强，从而证明了生物丰富度与生产力的正相关有可能削弱生态系统的稳定性。

1.2.4 BioCON 实验

BioCON 实验(biodiversity，carbon and organic nitrogen，碳和有机氮添加的生物多样性实验)开始于 1997 年，目的是探究全球环境变化(如氮沉降的增加、大气 CO_2 的增加及生物多样性减少等)是如何影响植物群落的(Reich et al.，2001a，2004)。研究设 128 个单种小区(2 m×2 m)，分布在 6 个直径为 20m 的环形实验区域内。其中，在 3 个区域使用 CO_2 自由添加系统升高 CO_2，升高后浓度在 560 μmol/mol 水平；3 个与外界环境(CO_2 浓度 368 μmol/mol)处理一致，没有添加 CO_2。实验设计为完全因素组合，CO_2(升高、外界浓度)、物种(16 种，4 个功能群各 4 种)、氮水平(升高，$+4\ g \cdot m^{-2} \cdot a^{-1}$、外界浓度)、物种和氮处理亚区随机排列，重复在 6 个环中。CO_2 添加处理从 1998 年 4 月到 1999 年 4 月的白天供应。

实验前两年的结果表明：植物功能群对 CO_2 和 N 的不同响应通过生产力、组织氮浓度和基质溶液氮来反映(Reich et al.，2001b)。提高 CO_2 浓度，非豆科阔叶草本植物、豆科植物和 C_3 草本植物分别增加了 31%、18%、9%的生产力，而 C_4 草本植物的生产力减少。虽然不同功能群对 CO_2 和氮的响应不同，但是组内不同物种反应存在较大的变异。

West 等(2006)指出，在 BioCON 实验中，基质总氮矿化随着植物多样性与 N 浓度的增加而增加，但与 CO_2 浓度没有显著的相关性，所以植物供应的有机质可以控制基质中总氮矿化与微生物呼吸。同时，该文指出：在氮限制的生态系统中，全球环境变化因子(如 CO_2 升高、氮沉降增加及生物多样性下降)对基质碳、氮循环有不同的影响，最终导致生态系统的不同变化。Chung 等(2007)指出，植物物种丰富度、CO_2 升高、氮沉降增加都能影响微生物群落组成与功能，而 Dijkstra 等(2007)指出植物物种丰富度、CO_2 升高、氮沉降增加能影响草地中有机氮与无机氮的淋溶过程。在该实验开展 10 年以后，Reich (2009)指出，尽管 CO_2 升高与氮沉降增加都会对植物特征与基质资源有影响，但是 CO_2 升高的作用能缓和氮沉降增加对物种丰富度的负面效应。

1.2.5　多样性研究在中国的实验实例

人工草地中的 BEF(biodiversity and ecosystem function，生物多样性与生态系统功能)实验。江小雷(2006)在中国甘肃景泰草地实验站利用两种不同类型的牧草(9 种一年生牧草和 10 种多年生牧草)，采用各物种单播及混播的方法，构建不同多样性梯度的人工草地实验群落，对物种丰富度与生态系统功能(主要包括生产力、入侵性、水分利用)关系的短期关系格局及潜在作用机理进行了探讨。结果表明：在一年生群落中，物种丰富度与群落生产力呈单峰格局关系，而在多年生群落中，物种丰富度与群落生产力呈显著正相关关系。在两种群落中，物种丰富度和物种成分及物种功能特征都对系统生产力有显著影响(江小雷，2006；刘士辉等，2007；江小雷等，2004，2009)。

呼伦贝尔草地中的 BEF 实验。杨殿林(2005)在呼伦贝尔草地设置主样地 4 个、样带 1 个、放牧退化系列 1 个，对主要植物群落植物多样性与初级生产力及其稳定性的关系、气候变化和放牧干扰对群落植物多样性和生产力的影响进行了研究。结果表明：在区域尺度上，植物丰富度与生产力关系符合单峰模式，且不同植物功能群对群落生产力贡献不相同(杨殿林，2005；杨殿林等，2006)。

藻类微宇宙 BEF 实验。张全国(2005)以淡水单细胞藻类构建微宇宙实验系统，设计了 4 个实验来检验长期尺度上物种丰富度和生态系统生产力、稳定性(抵抗力性、恢复性、时间变异性)的关系等。结果表明：物种丰富度对生产力的效应或为正相关或没有显著关系，即物种丰富度对生产力作用随时间可能逐步加强，也可能没有显著变化，这取决于环境背景(张全国，2002，2005)。

干旱胁迫下 BEF 草地实验。王江(2006)在广东黑石顶自然保护区建立了不同物种丰富度(1 种、2 种、4 种、6 种、8 种、10 种、15 种、20 种、25 种、30 种、35 种、40 种)的人工草地样地，对样地进行干旱胁迫和正常对照处理，对生物多样性不同组成成分(物种丰富度、优势物种、功能群数量与组成)与生态系统功能(生产力、基质氮和稳定性)之间的相互关系进行了研究。研究发现：干旱胁迫条件下，具有不同优势物种样地的生产力之间存在显著差异，且优势物种对基质速效氮(硝态氮和铵态氮)的影响作用明显，而物种丰富度的影响作用较弱(王江，2006)。

由以上实验可知，国内外有关生物多样性与生态系统功能关系的研究主要有以下几方面：

(1)主要研究对象：自然或人工草地生态系统(如美国 Cedar Creek 草地生态系

统，欧洲草地生态系统，中国甘肃景泰人工牧草生态系统、内蒙古呼伦贝尔草地生态系统、广东黑石顶干旱胁迫下人工草地生态系统)、淡水藻类微宇宙生态系统、“生态箱”陆生微宇宙生态系统，以及 Naeem 和 Li (1997) 的微生物微宇宙生态系统、McGrady-Steed 等(1997) 的水栖微生物生态系统、Cardinale 等(2002) 的模仿溪流生态系统、Hall 等(2000) 的海岸潮间带生态系统等。

(2) 主要研究方法：根据植物、藻类或微生物的生理生态特征把研究对象分为不同功能群，通过配置不同物种丰富度、功能群丰富度、物种组成与功能群组成等来构建人工或半人工的生态系统，以开展生物多样性(植物、动物或微生物)与生态系统功能(如生产力、营养循环、稳定性等)关系研究的实验，并测定生产力、基质营养(如无机氮、有机质等)含量、水分量、多样性效应、稳定性指标等。

(3) 主要研究内容：植物多样性与群落生产力、基质矿质资源利用率和干旱后的恢复情况的关系；植物多样性与生态系统氮素循环的关系；生态系统过程的关键因子(如生产力、资源等)在草地种群动力学与生态生理过程中的生态作用；多样性与稳定性关系；微生物物种丰富度与生态系统功能的关系等。

(4) 主要研究结论：物种丰富度与生产力呈显著正相关或单峰格局关系；物种丰富度高的群落，通过物种间互利作用，使物种丰富度高的群落可以捕获更多的营养资源，从而更充分地利用基质中的资源，对营养的固持能力也较强；物种丰富度高的群落有着较高的抵抗力、恢复力和可靠度；优势物种对基质无机氮的影响作用明显；微生物对生物多样性与生态系统功能关系有重要的影响等。

综上所述，生物多样性对生态系统功能的影响取决于多种因素的综合作用，如生态系统类型(主要包括氮限制的草地生态系统与各种微宇宙生态系统)、非生物因素(主要指基质硝态氮与铵态氮及其他营养)、生物因素(主要指多样性的配置，即物种丰富度、功能群丰富度、物种组成、功能群组成等)，以及生物因素间的相互作用、生物因素和非生物因素间的相互关系等。

1.3 环境胁迫对植物生理生态影响的研究进展

植物叶片光合生理过程是植物生长的基本代谢过程，对水分、温度等外界生存环境的变化高度敏感(李迎春等，2009；葛滢等，1999)。许多研究表明，干旱环境下植物的适应性会导致植物形态和生理生化发生变化，具体包括植物生长和形态结构、叶绿素含量变化、光合参数变化、保护酶活性等(倪霞等，2017)。因此，今后的研究重点关注以下方面：采用顶棚法野外实地模拟干旱，将实验材料放置于野外，或野外实地栽培，这样使实验环境更真实，结果更可靠；在严重或持久干旱的情况下，进一步探究植物光合作用代谢机制的变化情况，干旱胁迫下植物在不同光环境下光合机构的变化，以及常绿植物在不同干旱程度下光合能力的季节性变化(倪霞等，2017)。

面对严重的重金属污染现状与人类健康的需求，研究兼顾生态与经济效益的生态修复途径，以解决重金属所引进的生态环境问题，是目前生态文明建设中有待解决的焦点问题之一。利用植物(尤其是建植速度较快，投资成本较低，且对逆境抵抗性及经济生态效益高的草类植物)来进行重金属污染生态修复，受到广大科学研究者的一致认可(Singh and Prasad，2011；张芳等，2012)。同时，有关草类植物对重金属胁迫的耐受机理研究主要集中在种子萌发、生物量、生理生化指标等方面(高娅妮等，2017)。然而，有关湿地植物对重金属(如铬)或中药废水胁迫下的植物生理生态响应与铬积累的机制研究甚少。

1.4　复合垂直流人工湿地作为多样性研究样地的优越性

《生态学》一书中指出：“各种植被均有净化水的作用，但对于水污染来说，湿地的作用尤其重要，因为它们往往是污水的汇集区。许多湿地植物均有很好地吸收、降解污染物质的能力。目前在很多城市密集的地区，自然植被的净化能力已经远远达不到要求，因而，经过人工改造的自然湿地和人工湿地广泛应用于水体污染的治理中，是很有前景的生态工程类型之一”(常杰和葛滢，2001b)。

复合垂直流人工湿地(intergrated vertical flow constructed wetland，IVFCW)是具有下行流-上行流复合水流方式的垂直流人工湿地，它结合了垂直流型促进硝化作用的需氧过程以及潜流型提高反硝化厌氧过程这两者的优势，这被认为是污水处理效率最高的人工湿地类型(岳春雷等，2003；Yue et al.，2004；Liu et al.，2009)。同时，复合垂直流人工湿地具有更高的水力负荷，处理同样水量占地面积更少，对中国人多地少的国情更适合；其下行池存在间歇进水的特点，地表没有积水，杜绝了一般人工湿地蚊虫滋生等负面效应，且大部分面积接近中生环境(常水位距地面 15～25 cm)，适合更多植物种类的生长和根际微生物种类的生活(葛滢等，1999，2000；Yue et al.，2004；蒋跃平等，2004，2005；杨志焕等，2005；Liu et al.，2009)，这样可以很好地满足植物多样性实验物种配置的要求，为开展人工湿地中 BEF 关系的研究提供了很好的实验平台。

在世界范围内，人工湿地系统面积在不断增长(Liu et al.，2009)，属于一类新生境，并且人工湿地功能可以通过生物多样性合理配置和管理而得到增强。人工湿地处理污水的无机氮含量平均值高达约 17.0 $mg \cdot L^{-1}$ (Tanaka et al.，2006；Liu et al.，2009)，这样比以往更高的氮添加多样性实验可以用人工湿地开展，以便与氮限制的草地生态系统中生物多样性实验进行对比。实验已表明：在人工湿地高氮条件下，植物混种群落要比单种群落生产力高(Phillip and Alexander，2000)，原因是植物多样性对根区微生物生产力 C、N 与酶活性(如 CM–cellulase，urease and acid phosphatase)有显著影响(Zhang et al.，2010a、b)，进而影响基质中的氮 (Zhu et al.，2010)，以及植物吸收、生长速率(生产力)(Fisher et al.，2009)。因而，复合垂直流人工湿地(下行池)适合多样性研究的结论得到了相关实验的验证(Liu et al.，2009；Zhang et al.，2010a、b、c；Zhu et al.，2010)，同时，复合垂直流人工湿地(下行池)中的多样性实验可以验证在资源不受氮限制时 BEF(主要指生产力与营养保持)关系的变化情况，以弥补高氮环境中 BEF 研究的不足。

1.5 本研究的目的、意义与内容

由于生物多样性与生态系统功能关系的研究受多种因素的影响，如实验方法、多样性成分、生态系统类型、环境条件等，所以关于 BEF 关系及作用机制的问题仍需进行深入的研究和探讨。因此，在综合以前研究方法的基础上，本书在中国东部的高氮供应的复合垂直流人工湿地中，人工构建植物群落以研究人工湿地中植物多样性不同组成成分(物种丰富度、功能群丰富度、物种组成和功能群组成)对生态系统功能(主要包括生产力、基质营养)的影响，为全面了解高氮环境下生物多样性对生态系统功能的作用机制奠定基础。

本研究的主要内容：①高氮供应下人工湿地中植物多样性对生产力的影响；②高氮供应下人工湿地中植物多样性对基质无机氮与氮矿化的影响；③高氮供应下人工湿地中植物多样性对基质营养季节动态的影响；④模拟人工湿地中铬胁迫对不同湿地植物生理生态与铬积累的影响；⑤模拟人工湿地中不同湿地植物对中药废水的生理生化响应。

通过上述研究，探讨高氮供应下不同植物群落中植物多样性与生态系统功能的关系及其潜在的作用机理，以期为当前 BEF 关系研究提供有价值的资料，同时为人工湿地生态系统的研究及其合理利用、管理提供理论依据。

参 考 文 献

常杰，葛滢. 2001a. 生物多样性的自组织、起源和演化. 生态学报，21(7)：1180-1186.

常杰，葛滢. 2001b. 生态学. 杭州：浙江大学出版社.

高娅妮，李爱军，刘倩，等. 2017. 重金属胁迫下草类植物响应的研究进展. 家畜生态学报，38(6)：77-85.

葛滢，常杰，陈增鸿，等. 1999a. 青冈(*Quercus glauca*)净光合作用与环境因子的关系. 生态学报，19(5)：683-688.

葛滢，常杰，王晓月. 2000. 两种程度富营养化水中不同植物生理生态特性与净化能力的关系. 生态学报，20(6)：1051-1055.

葛滢，王晓玥，常杰. 1999b. 不同程度富营养化水中植物净化能力比较研究. 环境科学学报，19(6)：690-692.

贺金生，方精云，马克平，等. 2003. 生物多样性与生态系统生产力：为什么野外观测和受控实验结果不一致？植物生态学报，27(6)：835-843.

江小雷，李伟绮，张卫国. 2009. 植物功能特征与生产力的关系. 兰州大学学报(自然科学版)，45(5)：37-41.

江小雷，岳静，张卫国，等. 2010. 生物多样性，生态系统功能与时空尺度. 草业学报，19(1)：219-225.

江小雷，张卫国，严林，等. 2004. 植物群落物种多样性对生态系统生产力的影响. 草业科学，13(6)：8-13.

江小雷. 2006. 人工湿地植物种多样性对生态系统功能的影响. 兰州：兰州大学.

蒋跃平，葛滢，岳春雷，等. 2004. 人工湿地植物对观赏水中氮磷去除的贡献. 生态学报，24(8)：1718-1723.

蒋跃平，葛滢，岳春雷，等. 2005. 轻度富营养化水人工湿地处理系统中植物的特性. 浙江大学学报(理学版)，32(3)：309-313.

李迎春，杨清平，陈双林，等. 2009. 厚壁毛竹春季光合日变化及其与主要环境因子的关系初探. 林业科学研究，22(4)：608-612.

刘士辉，马剑英，万秀莲，等. 2007. 植物群落物种多样性对生态系统生产力的影响. 西北植物学报，27(1)：0110-0114.

马文红，方精云. 2006. 中国北方典型草地物种丰富度与生产力的关系. 生物多样性，14(1)：21-28.

倪霞，周本智，曹永慧，等. 2017. 干旱胁迫对植物光合生理影响研究进展. 江苏林业科技. 44(2)：34-40.

千年生态系统评估委员会. 2005. 生态系统与人类福扯：生物多样性综合报告. 北京：中国环境科学出版社.

孙国钧，张荣，周立. 2003. 植物功能多样性与功能群研究进展. 生态学报，23(7)：1430-1435.

王江. 2006. 干旱胁迫对生物多样性与生态系统功能关系的影响. 广州：中山大学.

杨殿林，韩国栋，胡跃高，等. 2006. 放牧对贝加尔针茅草原群落植物多样性和生产力的影响. 生态学杂志，25(12)：1470-1475.

杨殿林. 2005. 呼伦贝尔草原群落植物多样性与生产力关系的研究. 内蒙古：内蒙古农业大学.

杨志焕，葛滢，沈琪，等. 2005. 亚热带人工湿地中配置植物与迁入植物多样性的季节变化. 生物多样性，13(6)：527-534.

岳春雷，常杰，葛滢，等. 2003. 利用复合垂直流人工湿地处理生活污水. 中国给水排水，19(7)：84-85.

张芳，方溪，张丽静. 2012. 草类对重金属胁迫的生理生化响应机制. 草业科学，29(4)：534-541.

张全国，张大勇. 2002. 生产力、可靠度与物种丰富度：微宇宙实验研究. 生物多样性，10(2)：135-142.

张全国. 2005. 物种丰富度对生态系统生产力与稳定性的作用：藻类微宇宙实验研究. 北京：北京师范大学.

Armstrong J. 1991. Rainfall variation，life form and phenology in California serpentine grassland. Stanford：Stanford University.

Bengtsson J. 1998. Which species? What kind of diversity? Which ecosystem function? Some problems in studies of relations between biodiversity and ecosystem function. Applied Soil Ecology，10：191-199.

Bessler H，Temperton V M，Roscher C，et al. 2009. Aboveground overyielding in grassland mixtures is associated with reduced biomass partitioning to belowground organs. Ecology，90：1520-1530.

Binkley D. 1992. Mixtures of nitrogen-fixing and non-nitrogen-fixing tree species//Cannell M G R，Malcolm D C，Robertson P A. The Ecology of Mixed-Species stands of Trees. Oxford：Blackwell Scientific：99-123.

Booth M S，Stark J M，Rastetter E. 2005. Controls on nitrogen cycling in terrestrial ecosystems：a synthetic analysis of literature data. Ecol. Monogr，75：139-157.

Cardinale B J，Bennett D M，Nelson C E，et al. 2009. Does productivity drive diversity or vice versa? A test of the multivariate productivity-diversity hypothesis in streams. Ecology，90(5)：1227-1241.

Cardinale B J，Palmer M A，Collins S L. 2002. Species diversity enhances ecosystem functioning through interspecific facilitation. Nature，415：426-429.

Chapin F S，Matson III P，Mooney H. 2002. Principles of Terrestrial Ecosystem Ecology. New York：Springer-Verlag.

Christensen N L，Bartuska A M，Brown J H. 1996. The report of the Ecological Society of America Committee on the scientific basis for ecosystem management. Ecol. Appl.，6：665-691.

Chung H，Zak D，Reich P B，et al. 2007. Plant species richness，elevated CO_2，and atmospheric N deposition alter soil microbial community composition and function. Global Change Biology，13：980-989.

Corre M D，Schnabel R R，Stout W L. 2002. Spatial and seasonal variation of gross nitrogen transformations and microbial biomass in a northeastern US grassland. Soil Biol. Biochem.，34：445-457.

Creed R P，Cherry R P，Pflaum J R，et al. 2009. Dominant species can produce a negative relationship between species diversity and ecosystem function. Oikos，118(5)：723-732.

Daily G C. 1997. Nature's Services：Societal Dependence on Natural Ecosystems. Washington，D C：Island.

Díaz S，Cabido M. 1997. Plant functional types and ecosystem function in relation to global change. J. Veg. Sci.，8：463-473.

Díaz S，Hodgson J G，Thompson K，et al. 2004. The plant traits that drive ecosystems：evidence from three continents. J. Vegetation Science，15(3)：295-304.

Dijkstra F A，West J B，Hobbie S E，et al. 2007. Plant diversity，CO_2 and N influence inorganic and organic N leaching in grasslands. Ecology，88(2)：490- 500.

Duffy J E. 2009. Why biodiversity is important to the functioning of real-world ecosystems. Front. Ecol. Environ.，7(8)：437-444.

Dybzinski R，Fargione J E，Zak D R，et al. 2008. Soil fertility increases with plant species diversity in a long-term biodiversity experiment. Oecologia，158：85-93.

Eviner V T，Chapin III F S. 2003. Functional matrix：a conceptual framework for predicting multiple plant effects on ecosystem process. Annu. Rev. Ecol. Evol. Syst.，34：455-485

Ewel J J，Mazzarino M J，Berish C W. 1991. Tropical soil fertility changes under monoculture and successional communities of different structure. Ecol. Appl.，1：289-302

Fargione J，Tilman D，Dybzinski R，et al. 2007. From selection to complementarity：shifts in the causes of biodiversity-productivity relationships in a long-term biodiversity experiment. Proceedings of the Royal Society B，274：871-876.

Feehan J，Gillmorb D A，Culleton N. 2005. Effects of an agri-environment scheme on farmland biodiversity in Ireland.

Agriculture，Ecosystems and Environment，107：275-286.

Flombaum P，Sala O E. 2008. Higher effect of plant species diversity on productivity in natural than artificial ecosystems. PNAS，105：6087-6090.

Fornara D A，Tilman D，Hobbie S E. 2009. Linkages between plant functional composition，fine root processes and potential soil N mineralization rates. J. Ecol.，97：48-56.

Fornara D A，Tilman D. 2008. Plant functional composition influences rates of soil carbon and nitrogen accumulation. J. Ecol.，96：314-322.

Fornara D A，Tilman D. 2009. Ecological mechanisms associated with the positive diversity-productivity relationship in a N-limited grassland. Ecology，90(2)：408-418.

Freedman B. 1998. Biodiversity//William P C，et al. Environmental Encyclopedia. 2nd ed. Detroit：Gale Research Inc.. 1998：59-60.

Fridley J D. 2003. Diversity effects on production in different light and fertility environments：an experiment with communities of annual plants. J. Ecol.，91：396-406.

Grace J B，Anderson T M，Smith M D，et al. 2007. Does species diversity limit productivity in natural grassland communities? Ecol. Lett.，10：680-689.

Hall S J，Gray S A，Hammett Z L. 2000. Biodiversity-productivity relations：an experimental evaluation of mechanisms. Oecologia，122：545-555.

Hector A，Bazeley-White E，Loreau M，et al. 2002. Overyielding in grassland communities：testing the sampling effect hypothesis with replicated biodiversity experiments. Ecol. Lett.，5：502-511.

Hector A，Schmid B，Beierkuhnlein C，et al. 1999. Plant diversity and productivity experiments in European grasslands. Science，286：1123-1127.

Hooper D U，Chapin F S，Ewel J J，et al. 2005. Effects of biodiversity on ecosystem functioning：a consensus of current knowledge. Ecol. Monogr.，75：3-35.

Hooper D U，Dukes J. 2004. Overyielding among plant functional groups in a long-term experiment. Ecol. Lett.，7：95-105.

Hooper D U，Vitousek P M. 1997. The effects of plant composition and diversity on ecosystem processes. Science，277：1302-1305.

Hooper D U，Vitousek P M. 1998. Effects of plant composition and diversity on nutrient cycling. Ecol. Monogr.，68：121-149.

Huston M A，Aarssen L W，Austin M P，et al. 2000. No consistent effect of plant diversity on productivity. Science，289：1255a.

Huston M A. 1997. Hidden treatments in ecological experiments：reevaluating the ecosystem function of biodiversity. Oecologia，110：449-460.

Ives A R，Cardinale B G，Snyder W E. 2005. A synthesis of subdisciplines：predator-prey interactions，and biodiversity and ecosystem functioning. Ecol. Lett.，8：102-116.

Kenkel，N C，Peltzer，D A，Baluta D，et al. 2000. Increasing plant diversity does not influence productivity：empirical evidence and potential mechanisms. Commun. Ecol. 1：165-170.

Kennedy T，Naeem S，Howe K M，et al. 2002. Biodiversity as a barrier to ecological invasion. Nature，417：636-638.

Laossi K R，Barot S，Carvalho D，et al. 2008. Effects of plant diversity on plant biomass production and soil macrofauna in Amazonian pastures. Pedobiologia，51：397-407.

Liu D，Ge Y，Chang J，Peng C H，et al. 2009. Constructed wetlands in China：recent developments and future challenges. Front. Ecol. Environ.，7：261-268.

Marquard E，Weight A，Temperton VM，et al. 2009. Plant species richness and functional composition drive overyielding in a six-year grassland experiment. Ecology，90(12)：3290-3302.

Marshall C B，McLaren J R，Turkington R. 2011. Soil microbial communities resistant to changes in plant functional group composition. Soil Biol. Biochem.，43：78-85.

McGrady-Steed J，Harris P M，Morin P J. 1997. Biodiversity regulates ecosystem predictability. Nature，390：162-165.

Mittelbach G G，Steiner C F，Scheiner S M，et al. 2001. What is the observed relationship between species richness and productivity? Ecology，82：2381-2396.

Morgan J L，Campbell J M，Malcolm O C. 1992. Nitrogen relations of mixed-species stands on oligotrophic soils//Cannell M G R，Malcolm O C，Robertson P A . The Ecology of Mixed-Species Stands of Trees. Oxford：Blackwell Scientific：65-85.

Morin P J，Meorady-Steed J. 2004. Biodiversity and ecosystem functioning in aquatic microbial systems：a new analysis of temporal Variation and species richness-predictablity relations. Oikos，104：458-466.

Mulder C P H，Jumpponen A，Högberg P，et al. 2002. How plant diversity and legumes affect nitrogen dynamics in experimental grassland communities. Oecologia，133：412-421.

Naeem S，Li S. 1997. Biodiversity enhances ecosystem reliability. Nature，390(4)：507-509.

Naeem S，Tompson L J，Lawler S P，et al. 1994. Declining biodiversity can alter the performance of ecosystems. Nature，368：734-737.

Niklaus P A，Kandeler E，Leadley P W，et al. 2001. A link between plant diversity，elevated CO_2 and soil nitrate. Oecologia，127：540-548.

Oelmann Y，Wilcke W，Temperton V M，et al. 2007. Soil and plant nitrogen pools as related to plant diversity in an experimental grassland. Soil Sci. Soc. Am. J.，71：720-729.

Palmborg C，Scherer-Lorenzen M，Jumpponen A，et al. 2005. Inorganic soil nitrogen under grassland plant communities of different species composition and diversity. Oikos，110：271-282.

Pfisterer A B，Schmid B. 2002. Diversity-dependent production can decrease the stability of ecosystem functioning. Nature，416：84-86.

Philip A M B，Alexander J H. 2000. Denitrification in constructed free-water surface wetlands：II. Effects of vegetation and temperature. Ecol. Eng.，14：17-32.

Reich P B，Knops J，Tilman D，et al. 2001a. Plant diversity enhances ecosystem responses to elevated CO_2 and nitrogen deposition. Nature，410：809-812.

Reich P B，Tilman D，Craine J，et al. 2001b. Do species and functional groups differ in acquisition and use of C，N and water under varying atmospheric CO_2 and N availability regimes? A field test with 16 grassland species. New Phytologist，150：435-448.

Reich P B，Tilman D，Naeem S，et al. 2004. Species and functional group diversity independently influence biomass accumulation and its response to CO_2 and N. PNAS，101：10101-10106.

Reich P B. 2009. Elevated CO_2 reduces losses of plant diversity caused by nitrogen deposition. Science，326：1399-1402.

Roscher C，Thein S，Schmid B，et al. 2008. Complementary nitrogen use among potentially dominant species in a biodiversity experiment varies between two years. J. Ecol.，96：477-488.

Safford H D，Rejmánek M，Hadac E. 2001. Species pools and the "hump-back" model of plant species diversity：an empirical analysis at a relevant spatial scale. Oikos，95：282-290.

Scherer-Lorenzen M，Palmborg C，Prinz A，et al. 2003. The role of plant diversity and composition for nitrate leaching in grasslands. Ecology，84：1539-1552.

Scherer-Lorenzen M. 2005. Biodiversity and ecosystem functioning：basic principles，in biodiversity：structure and function//Barthlott W，Linsenmair K E，Porembski S.Encyclopedia of Life Support Systems（EOLSS），Developed under the Auspices of the UNESCO. Oxford，UK：Eolss Publishers.

Schimel J P，Bennett J. 2004. Nitrogen mineralization：challenges of a changing paradigm. Ecology，85：591-602.

Schmitz O J. 2009. Effects of predator functional diversity on grassland ecosystem function. Ecology，90(9)：2339-2345.

Singh A，Prasad S M. 2011. Reduction of heavy metal load in food chain：technology assessment. Reviews in Environmental Science and Biotechnology，10(3)：199-124.

Smith T M，Woodward F I，Shugart H H. 1996. Plant Function Types. Cambridge：Cambridge University Press.

Spehn E M，Joshi J，Schmid B，et al. 2000. Aboveground resource use increases with plant species richness in experimental grassland ecosystems. Funct. Ecol.，14：326-337.

Spehn E M. 2005. Ecosystem effects of biodiversity manipulations in European grasslands. Ecol. Monogr.，75：37-63.

Spooner D E，Vaughn C C. 2009. Species richness and temperature influence mussel biomass：a partitioning approach applied to natural communities. Ecology，90(3)：781-790.

Srivastava D S，Vellend M. 2005. Biodiversity-ecosystem function research：is it relevant to conservation? Annu. Rev. Ecol. Syst.，36：267-294

Swift M J，Anderson J M. 1993. Biodiversity and ecosystem function in agricultural systems//Schulze E D，Mooney H A. Biodiversity and Ecosystem Function. Berlin：Springer-Verlag.

Symstad A J，Siemann E，Haarstad J. 2000. An experimental test of the effect of plant functional group diversity on arthropod diversity. Oikos，89：243-253.

Symstad A J，Tilman D，Willson J，et al. 1998. Species loss and ecosystem functioning：effects of species identity and community composition. Oikos，81：389-397.

Tanaka N，Jinadasa K B S N，Werellagama D R I B，et al. 2006. Constructed tropical wetlands with integrated submergent-emergent plants for sustainable water quality management. J. Environ. Sci. Health，41：2221-2236.

Temperton V M，Mwangi P N，Scherer-Lorenzen M，et al. 2007. Positive interactions between nitrogen-fixing legumes and four different neighbouring species in a biodiversity experiment. Oecologia，151：190-205.

Tilman D，Downing J A. 1994. Biodiversity and stability in grasslands. Nature，367：363- 365.

Tilman D，Knops J，Wedin D，et al. 1997a. The influence of functional diversity and composition on ecosystem processes. Science，277：1300-1302.

Tilman D，Lehman C L，Bristow C E. 1997b. Plant diversity and ecosystem productivity：theoretical considerations. PNAS，94：1857-1861.

Tilman D，Reich P B，Knops J M H. 2007. Diversity and stability in plant communities. Nature，446：E6-E8.

Tilman D，Reich P B，Knops J M H，et al. 2001. Diversity and productivity in a long-term grassland experiment. Science，294：843-845.

Tilman D，Wedin D，Knops J. 1996. Productivity and sustainability influenced by biodiversity in grassland ecosystems. Nature，379：718-720.

Tilman D. 1996. Biodiversity：population versus ecosystem stability. Ecology，77：350-363.

Tilman D. 1999. The ecological consequences of changes in biodiversity：a search for general principles. Ecology，80：1455-1474.

UNEP,1995. Global biodiversity assessment. Geneva.

van Ruijven J，Berendse F. 2005. Diversity-productivity relationships：initial effects，long-term patterns，and underlying mechanisms. PNAS，102：695-700.

van Ruijven J，Berendse F. 2009. Long-term persisitence of a positive plant diversity-produvtivity relatnioship in the absence of legumes. Oikos，118：101-106.

Vandermeer J H. 1988. The Ecology of Intercropping. Cambridge：Cambridge University Press.

Vinton M A，Burke I C. 1995. Interactions between individual plant species and soil nutrient status in shortgrass steppe. Ecology，76：1116-1133.

Vitousek P M，Howarth R W. 1991. Nitrogen limitation on land and in the sea：how can it occur？Biogeochemistry，13：87-115.

Vonfelten S，Hector A，Buchmann N，et al. 2009. Belowground nitrogen partitioning in experimental grassland plant communities of varying species richness. Ecology，90(5)：1389-1399.

Wacker L，Oksana B，Eichenberger-Glinz S，et al. 2009. Diversity effects in early-and mid-successional species pools along a nitrogen gradient. Ecology，90(3)：637-648.

Wang G H，Ni J. 2005. Responses of plant functional types to an environmental gradient on the Northeast China. Transect. Ecol.，20：563-572.

Wardle D A，Huston M A，Grime J P，et al. 2000. Biodiversity and ecosystem function：an issue in ecology. Bulletin of the Ecological Society of America，81：235-239.

West J B，Hobbie S E，Reich P B. 2006. Effects of plant species diversity，atmospheric CO_2，and N addition on gross rates of inorganic N release from soil organic matter. Global Change Biology，12：1400-1408.

Williams B L. 1999. Interactions between tree species and their effects on nitrogen and phosphorus transformations in the forest//Boyle E B. Biodiversity，Temperate Ecosystems and Global Change. Berlin：Springer.

Wilson J B. 1999. Guilds，functional types and ecological groups. Oikos，86：507-522.

Yue C L，Chang J，Ge Y，et al. 2004. Treatment efficiency of domestic wastewater by vertical/reverse-vertical flow constructed wetland. Fresenius Environmental Bulletin，13(6)：505-507.

Zak D R，Holmes W E，White D C，et al. 2003. Plant diversity，soil microbial communities，and ecosystem function: are there any links? Ecology，84：2042-2050.

Zhang C B，Ke S S，Wang J，et al. 2010a. Responses of microbial activity and community metabolic profiles to plant functional group diversity in a full-scale constructed wetland. Geodama，160：503-508.

Zhang C B，Wang J，Liu W L，et al. 2010b. Effects of plant diversity on microbial biomass and community metabolic profiles in a full-scale constructed wetland. Ecol. Eng.，36(1)：62-68.

Zhang C B，Wang J，Liu W L，et al. 2010c. Effects of plant diversity on nutrient retention and enzyme activities in a full-scale constructed wetland. Bioresour. Technol.，101：1686-1692.

Zhang Q G，Zhang D Y. 2007. Colonization sequence influences selection and complementarity effects on biomass production in experimental algal microcosms. Oikos，116：1748-1758.

Zhu S X，Ge H L，Ge Y，et al. 2010. Effects of plant diversity on biomass production and substrate nitrogen in a subsurface vertical flow constructed wetland. Ecol. Eng.，36(10)：1307-1313.

Zobel M，Pärtel M. 2008. What determines the relationship between plant diversity and habitat productivity. Global Ecology and Biogeography，17(6)：679-684.

第2章　人工湿地中植物多样性对生产力的影响

许多氮限制的草地实验研究发现，在不同物种丰富度下人工配置植物群落中，植物多样性对生产力具有正效应(Loreau et al.，2002；Hooper et al.，2005；Spehn et al.，2005；Fornara and Tilman，2009)，对其解释有两种主要机制：物种性状的选择效应(Tilman，1997；Montès et al.，2008)，及资源利用的生态位互补效应(Roscher et al.，2008；Montès et al.，2008)。然而，选择效应与互补效应并不是相互排斥的，在超产效应情况下可能共存(Loreau，1998；Hector et al.，2002；Zhang Q G and Zhang D Y，2007)。除了上述两种机制，BEF关系也取决于资源的限制性(Knekel et al.，2000；Dybzinski et al.，2008；Fornara and Tilman，2009)，营养水平的提高能导致生物多样性的减少(Harpole and Tilman，2007)，进一步影响生态系统功能(Loreau et al.，2001)。

许多研究表明，物种多样性与生产力的单调增加关系，在施肥的样地中要比未施肥的样地中表现更强(Fridley，2002，2003；Wacker et al.，2009)。在氮限制下，植物常通过互补效应有效地利用营养(Tilman et al.，1997；Loreau，1998)。然而，植物生长在所需资源不受限制(如高氮)时，研究清楚BEF关系是如何变化的，对于我们理解不同营养水平下生态系统功能对生物多样性的响应是非常必要的。因此，本章在中国东部复合垂直流人工湿地中，开展了植物多样性对生产力影响的研究，比较了连续两年的实验结果，以探讨高氮供应下植物多样性与物种组成是如何影响群落生产力的。

2.1　材料与方法

2.1.1　实验样地的构建

实验样地位于中国东南部的浙江省舟山市普陀区朱家尖街道(29° 53′N，122° 23′E)

的人工湿地，系用于处理朱家尖南沙风景区宾馆与餐馆等生活污水的复合垂直流结构的人工湿地(蒋跃平等，2004；Yue et al.，2004；Liu et al.，2009)，见图 2.1、图 2.2，面积约 0.20hm^2。

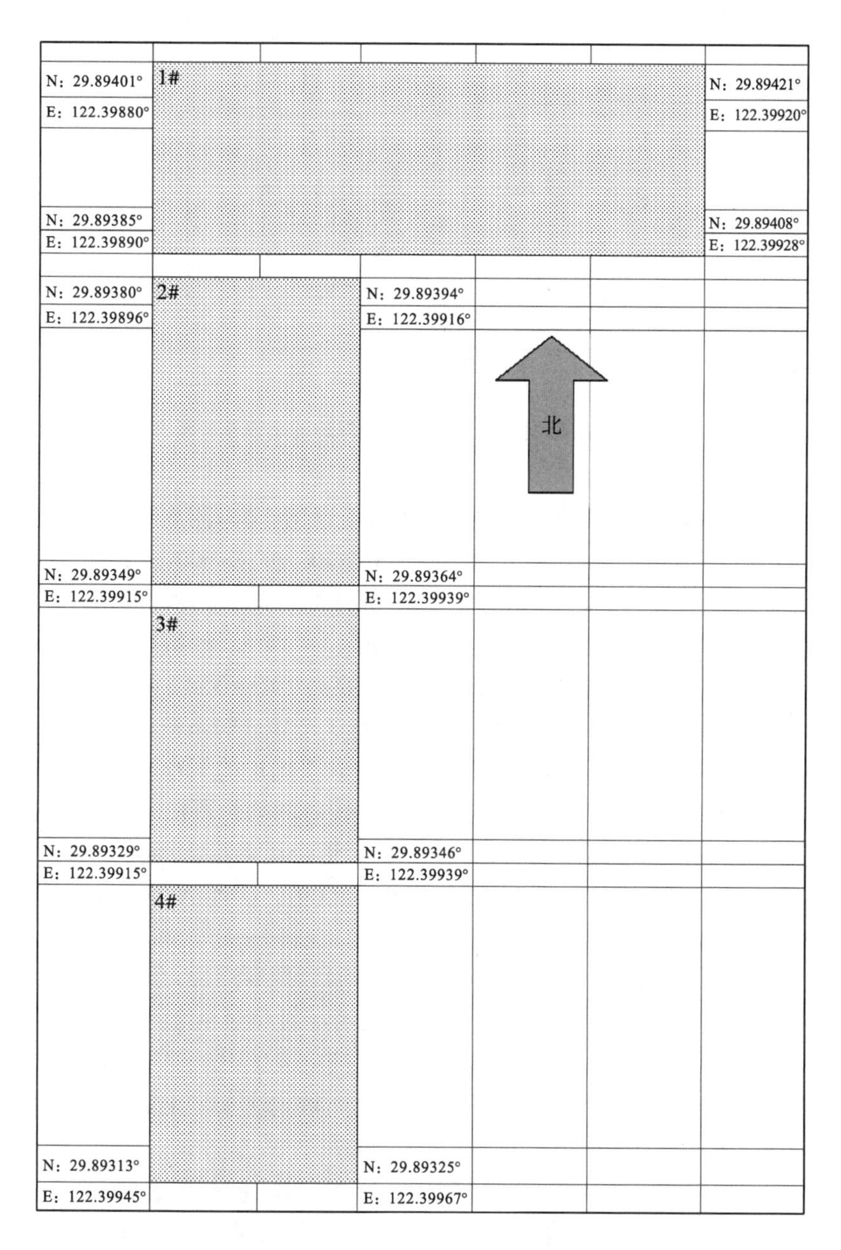

图 2.1　舟山朱家尖复合垂直流人工湿地的平面示意图

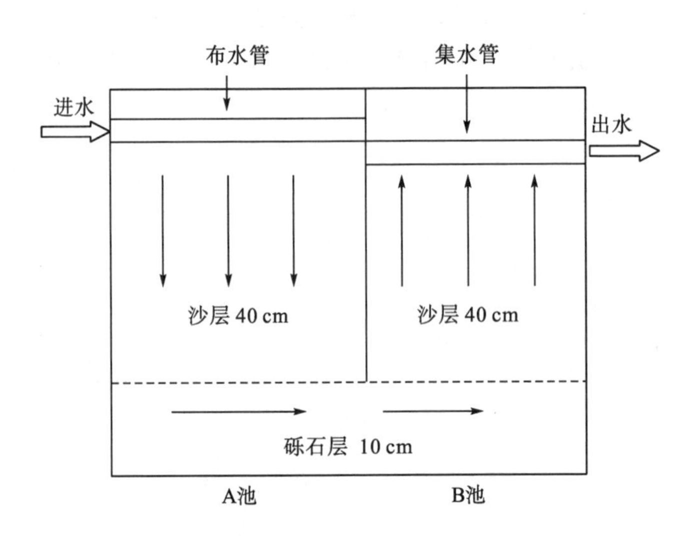

图 2.2 舟山朱家尖复合垂直流人工湿地的垂直结构示意图

其中，复合垂直流人工湿地的 A 池(下行池，图 2.1、图 2.2)分为 1#区块、2#区块、3#区块，它们的面积分别约为 1000 m^2、700 m^2和 600 m^2；B 池(上行池)的 4#区块面积约为 700 m^2。2 个池子的底部和四周以水泥墙封闭防渗，以沙子(厚 40 cm)和砾石(厚 10 cm)为基质，且沙子的 $pH_{(KCl)}$为 7.8。沙粒径为 0～5 mm，砾石径为 40～70 mm。下行池基质层比上行池的要高 10～20cm，两池底部均有颗粒较大的砾石层连通。1#区块、2#区块、3#区块是 3 个独立的系统，可分别运行。本实验只采用 A 池(下行池)。总之，复合垂直流人工湿地的下行池(A 池)具有基质组成一致，废水灌溉量、污染物载荷量及水滞留时间均匀可控等优点，并可提供高氮的中生环境(常水位距地面 15～25 cm)，适合更多植物种类的生长(蒋跃平等，2004，2005；Yue et al.，2004；Liu et al.，2009)，因而 A 池适宜开展 BEF 关系研究的多样性实验。

生活污水通过布水管均匀流入 A 池(下行池)，向下渗透，经下行池底部自行流入 B 池(上行池)底部，并向上经过 B 池的沙层，被位于 B 池上部沙层中的集水管收集，最后通过出水管流入集水池。所以，流入人工湿地的污水实际上经过了 2 次(A 池和 B 池)处理。此系统采用全天自动间歇式注水，正常运行条件下，该系统处理规模为 2000 $m^3 \cdot d^{-1}$。

朱家尖风景区的人工湿地入水口的生活污水中 NH_4–N(铵态氮，ammonium)，NO_3–N(硝态氮，nitrate)浓度在 2007 年的平均值为 4.53±1.57mg·L^{-1} 和 2.47±2.35 mg·L^{-1}(2007 年和 2008 年人工湿地的入水水质指标无差异，2007 年入水、出水水质指标详见表 2.1)。

表 2.1　2007 年舟山复合垂直流人工湿地中入水与出水水质指标

水质参数	NH_4–N ($g·m^{-2}·a^{-1}$)	NO_3–N ($g·m^{-2}·a^{-1}$)	TN ($g·m^{-2}·a^{-1}$)	BOD_5	COD_{Cr}	TP
入水	265.0±7.6[a]	144.5±11.5	2302.6±35.6	382.9±19.6	736.5±37.7	212.4±16.5
出水	46.2±5.6	41.0±5.4	436.4±21.1	87.7±6.6	169.1±12.7	15.2±1.7
去除率/%	82.6±4.3	71.6±6.1	81.0±5.4	77.1±3.0	77.0±3.1	92.8±8.3

注：a 为标准误(SE)；NH_4–N 为铵态氮；NO_3–N 为硝态氮；TN 为总氮；BOD_5 为五日生物需氧量；COD_{Cr} 为生化需氧量(重铬酸钾法)；TP 为总磷。

由表 2.1 可知，本研究选取的实验样地是一个高氮高水的环境，垂直流人工湿地水流结构相当于滴灌的农田，年污水灌溉量约为 12 万吨，且供水量是农田的 7.5 倍左右；入水污水中 NH_4–N 和 NO_3–N 的浓度分别约为 265.0$g·m^{-2}·a^{-1}$ 和 144.5 $g·m^{-2}·a^{-1}$，相当于中国农田施氮量(64.0 $g·m^{-2}·a^{-1}$)的 6.4 倍左右(侯彦林等，2008)，是 Wacker 等(2009)生物多样性实验中最高施氮量的 17 倍左右(24.0 $g·m^{-2}·a^{-1}$)，是 BioCON 实验中加氮量(4 $g·m^{-2}·a^{-1}$)的 102 倍左右(Reich et al.，2001a、b)。同时，实验区水位常在 15～25 cm 波动，植物根区一直保持在湿润和通气状态。因此，本实验样地与以往多样性研究样地(如：BIODEPTH 实验与 Cedar Creek 实验，Hector et al.，1999；Tilman et al.，1997；Spehn et al.，2002)相比，基质具有通气、透水、无干旱、营养充足的特征，因而实验地建立之后没有施肥，但氮的供应量远高于施肥状态。表 2.1 的数据还显示，生活污水流经湿地后，其出水水质已被净化，达到了人工湿地的工程设计目标。更为重要的是，复合垂直流人工湿地的生态学功效已被污水处理实践证实过(蒋跃平等，2004，2005；Yue et al.，2004)。

2.1.2　实验样地中植物配置

将实验样地划分为 3 个区块 164 个小区(每个小区面积约为 3.0 m×3.0 m，图 2.1)，1#区块设 96 个小区，2#区块设 32 个小区，3#区块设 36 个小区。从人工湿地物种库中选择了 16 种植物，按照与特定生态系统功能(主要是生产力和养分利用)相关的植物功能特征，参照 Tilman 等(1997a)的方法，分为 4 个不同功能群，即 C_3 草本植物(C_3 grasses，下同)：芦苇(*Phragmites australis*)、芦竹(*Arundo donax*)；C_4 草本植物(C_4 grasses，下同)：白茅(*Imperata cylindrical*)、荻(*Triarrhena sacchariflora*)、芒(*Miscanthus sinensis*)、薏提子(*Coix lacryma–jobi*)、山类芦(*Neyraudia montana*)、斑茅(*Saccharum arundinaceum*)；豆科植物(legumes，下同)：杭子梢(*Campylotropis macrocarpa*)、马棘(*Indigofera pseudotinctoria*)、胡枝子(*Lespedeza bicolor*)、伞房决明(*Cassia tora*)；阔叶草本植物(forbs，下同)：千屈菜(*Lythrum salicaria*)、风车草(*Cyperus alternifolius*)、美人蕉(*Canna indica*)、再力花

(*Thalia dealbata*)。它们均为中国东部亚热带本地优势种(即常见多年生草本种类)。

2007 年 4 月，将选定的 16 种植物繁殖体移植到人工湿地中，种植密度为 10 株/m^2。在夏季生长中，用手工去除入侵的植物物种，且在生长季末(9～10 月)人工收割所有植物的地上部分(地面 10 cm 以上)。所有小区中移植的物种数分别为 1 种、2 种、4 种、8 种或 16 种(表 2.2)，且大部分植物的成年植株高度在 1～4m。

表 2.2　舟山朱家尖人工湿地多样性实验中样方设计

功能群丰富度	每个小区的物种数				
	1 个物种	2 个物种	4 个物种	8 个物种	16 个物种
1	16(16，16)	12(8，9)[a]	12(7，8)	—	—
2	—	16(11，16)	24(20，22)	6(4，4)	—
3	—	—	24(22，23)	6(5，5)	—
4	—	—	16(7，13)	16(13，14)	16(5，16)
合计	16(16，16)	28(19，25)	76(56，66)	28(22，23)	16(5，16)

注：a 表示不是所有的小区均用于数据分析。“—”表示没有设计小区。

2.1.3　植物样品采集及生产力测定

2007 年与 2008 年 9 月底，研究组进行了植物样品的收割工作。其中，植物样品的收割样方设计见表 2.1。人工湿地中每个小区的群落生产力用该小区中各种植物地上生产力的总和表示。

在每个小区中，随机收割 0.5 m×0.3 m 条块，留茬 10 cm。各个小区的所有植物样品按种类分类，分别数出各种植物的杆数，根据各种植物杆数的多少按一定比例随机取样，用大的纸信封装好，写上编号与植物取样信息。将植物样品送到实验室后，放入烘箱内，先用 105℃杀青 60 min，再以 65℃烘 48 h 至恒重，取出信封对各种植物样品进行称量，得到干重。然后，根据各种植物的干重、取样比例与样条面积，换算成各种植物的单位面积干重，即各种植物的地上生物量($g\cdot m^{-2}$)。最后，将每个小区所有物种的地上生物量相加即为该小区的群落生产力(即地上生物量，或简称为生产力，下同)(Balvanera et al.，2006；Cardinale et al.，2006)。

2.1.4　超产效应计算

按 Loreau (1998)和 Hector 等(2002)的方法计算超产效应(D_{max})，公式为

$$D_{\max}=\frac{O_{\mathrm{T}}-\max(M_i)}{\max(M_i)}$$

其中，O_T 是一个小区的实测地上生物量(即生产力)；max(M_i)是指该小区物种中

单种地上生物量的最大值。D_{max} 大于 0 表示混种小区的生产力要比该小区中所有物种单种地上生产力的最大值还要高，表示存在超产效应(Hector et al.，2002；Roscher et al.，2008)。

2.1.5　多样性效应计算

按照 Loreau (1998)和 Hecto 等(2002)的方法，将混播群落中生产力的增加量(净多样性效应 Δy)分解为选择效应和互补效应，其计算公式为

$$\Delta y = N\mathrm{mean}(\Delta RY \cdot M) \cdot \mathrm{mean}(M) + N\mathrm{cov}(\Delta RY,\ \mathrm{M})$$

式中，Δy 为净多样性效应，$\Delta y = y_o - y_E$，y_o 为混播群落的实际产量，y_E 为以单播产量为基础计算出的混播群落期望产量；M 为混播群落中各物种单产的平均产量；ΔRY 为混播群落中各物种相对产量的变化量(各物种的实际相对产量与其期望相对产量之差)；N 为混播群落的物种数，Nmean（ΔRY • M)为互补效应值，Ncov（ΔRY，M)为选择效应值。本式的基本前提是零假设，即多样性对生产力无影响，即 Δy=0；当多样性对混播群落生产力产生正效应时，Δy>0；当多样性对生产力产生负效应时，则 $\Delta y < 0$。

2.1.6　统计分析

数据在 Excel 软件中进行初步录入和处理，计算平均值和标准差，并进一步生成图表。本研究的人工湿地中生物多样性实验控制了物种丰富度与功能群丰富度这两个变量。使用 SPSS 软件对数据进行统计分析，即利用一般线性模型(general linear model)对数据进行方差分析(One–way ANOVA)，分别按小区、有无豆科植物、有无 C_3 草本植物、有无 C_4 草本植物、有无阔叶草本植物、物种丰富度、功能群丰富度、物种组成、功能群组成来分析其效应(sequential fitter order)（基于 type Ⅲ 平方和；SPSS 16.0，SPSS Inc，Chicago，IL，USA)。同时，差异显著性用 Tukey 检验，统计显著性 α=0.05，且所有数据以均值±标准误(SE)表示。

2.2　结果与分析

本实验从 2007 年 4 月开始按照物种丰富度(1 种，2 种，4 种，8 种，16 种)与功能群丰富度(1 群，2 群，3 群，4 群)配置植株，进行多样性实验。2007 年 9 月采集植物样品，共采集 118 个小区的植物；2008 年 9 月采集植物样品一次，共采集 146 个小区的植物。测定生产力后，进行植物多样性与生产力的关系分析。

2.2.1 物种丰富度、功能群丰富度与生产力的关系

2007 年植物物种丰富度(即物种多样性)与群落生产力(即地上生物量，下同，单位为 $g \cdot m^{-2}$) 呈显著的线性正相关关系($P<0.01$)，其关系式为: $y=80.664x+474.09$ ($r=0.307$，图 2.3)。其中，2007 年各小区的生产力在 20～3121 $g \cdot m^{-2}$。

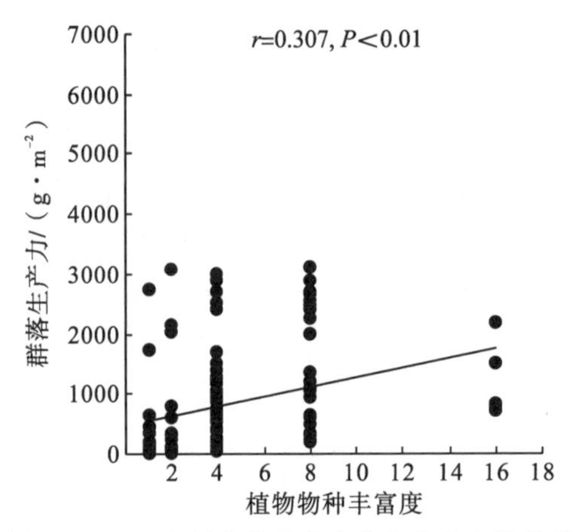

图 2.3 2007 年植物物种丰富度与生产力的关系

2008 年物种丰富度与群落生产力呈显著的单峰格局(即二次曲线函数关系，$P<0.05$)，即生产力随物种丰富度增加而增加，当物种数达到 4 种以后，生产力不再随物种丰富度增加而增加，反而呈下降趋势，其关系式为: $y=-10.216x^2+158.98x+462.12$ ($r=0.165$，图 2.4)。其中，2008 年各小区的生产力在 13～6535 $g \cdot m^{-2}$。

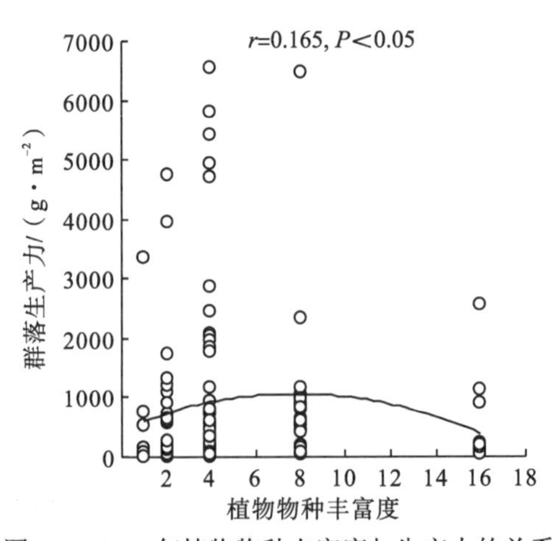

图 2.4 2008 年植物物种丰富度与生产力的关系

2007 年生产力随着植物功能群丰富度(即功能群多样性)增加而显著增加(图 2.5),而第 2008 年不显著增加,在功能群丰富度为 3 时生产力最高(图 2.6)。

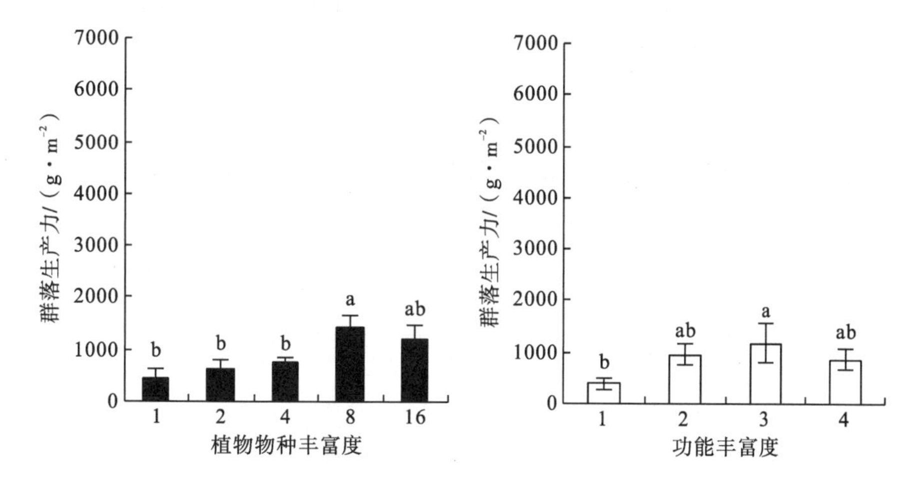

图 2.5　2007 年功能群丰富度与生产力的关系　图 2.6　2008 年功能群丰富度与生产力的关系

注：不同的小写字母代表不同显著水平。下同。

2.2.2　物种组成、功能群组成与生产力的关系

由图 2.3 与图 2.4 可知，在 2007 年与 2008 年，生产力在各个小区间的变化幅度都较大，不同的物种组合对生产力水平有显著影响，即物种组成对生产力有显著影响。同时，2007 年与 2008 年中所有小区生产力平均值没有显著差异(图 2.7)。

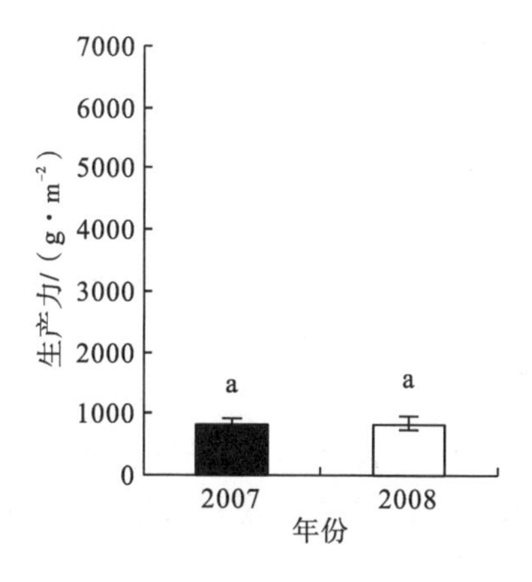

图 2.7　2007 年与 2008 年中所有小区生产力的平均值

在物种组成上，2007年芦竹(C_3 grasses，即指芦竹属于C_3 grasses，下同)、山类芦(C_4 grasses)、斑茅(C_4 grasses)、伞房决明(legumes)和美人蕉(forbs)的存在对生产力都是显著正效应；2008年芦竹(C_3 grasses)和山类芦(C_4 grasses)的存在也有显著正效应，而胡枝子(legumes)的存在有显著负效应(表 2.3)，说明物种组成对生产力有显著影响。

表2.3 基于type III 平方和，对植物物种与生产力关系进行方差分析

(其中，"+"或"–" 表示某物种的有无对生产力有正或负效应，且P<0.05时用粗体表示)

物种名称	生产力(2007年)		生产力(2008年)	
		P		*P*
芦竹(*Arundo donax*)(C_3)	+	**< 0.001**	+	**0.002**
芦苇(*Phragmites australis*)(C_3)		0.738		0.217
菩提子(*Coix lacryma-jobi*)(C_4)		0.334		0.169
白茅(*Imperata cylindrical*)(C_4)		0.861		0.990
芒(*Miscanthus sinensis*)(C_4)		0.965		0.302
山类芦(*Neyraudia montana*)(C_4)	+	**< 0.001**	+	0.009
斑茅(*Saccharum arundinaceum*)(C_4)	+	**< 0.001**		0.752
荻(*Triarrhena sacchariflora*)(C_4)		0.187		0.176
杭子梢(*Campylotropis macrocarpa*)(L)		0.198		0.061
伞房决明(*Cassia tora*)(L)	+	**0.034**		0.505
马棘(*Indigofera pseudotinctoria*)(L)		0.331		0.127
胡枝子(*Lespedeza bicolor*)(L)		0.749	–	**0.015**
美人蕉(*Canna indica*)(F)	+	**0.014**		0.059
风车草(*Cyperus alternifolius*)(F)		0.403		0.391
千屈菜(*Lythrum salicaria*)(F)		0.615		0.881
再力花(*Thalia dealbata*)(F)		0.076		0.058

注：C_3、C_4、L和F分别表示为C_3草本植物、C_4草本植物、豆科植物、阔叶草本植物。下同。

在功能群组成上，2007年与2008年C_3草本植物对生产力有显著正效应，而其他3个功能群(即豆科植物，C_4草本植物和阔叶草本植物)对生产力无显著影响(表2.4)。

表 2.4　基于 type Ⅲ 平方和，对植物多样性与生产力的关系进行方差分析

（其中，“↑”或“↓”表示正或负效应，且 $P<0.05$ 时用粗体表示）

变异来源	df	生产力(2007 年)		df	生产力(2008 年)	
		F	P		F	P
豆科植物	1	1.64	0.204	1	0.18	0.670
C_3 草本植物	1	28.44	**<0.001**↑	1	7.63	**0.006**↑
C_4 草本植物	1	3.82	0.053	1	1.67	0.198
阔叶草本植物	1	0.66	0.418	1	0.19	0.662
物种丰富度(species richness, Sr)	4	4.66	**0.002**↑	4	1.24	0.297
物种丰富度×豆科植物	3	0.90	0.446	3	0.23	0.878
残差	109			137		

2007 年与 2008 年的单种最高产的物种(芦竹)在混种群落中生产力比例都是随着物种丰富度的增加而显著降低[图 2.8(a)、(b)]，这与取样效应假说(sampling effect hypothesis)有所不同。

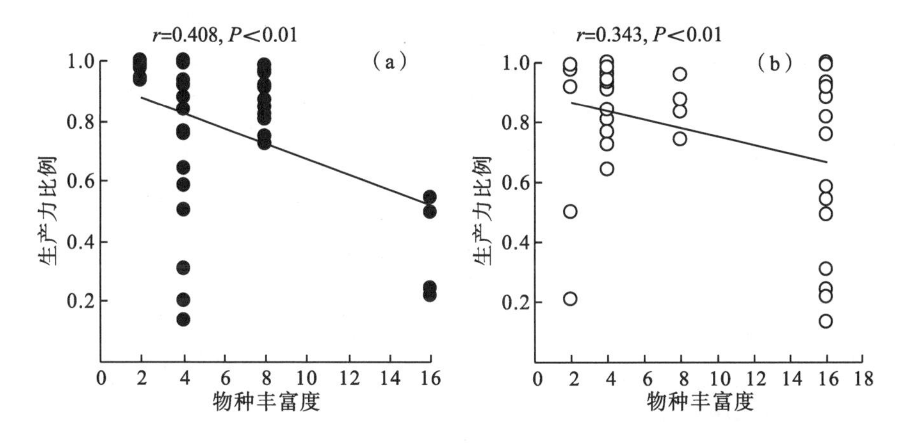

图 2.8　2007 年与 2008 年的单种最高产物种(芦竹)在混种群落中的生产力比例

2.2.3　超产效应

从图 2.9(a)、(b)可知，2007 年与 2008 年的超产效应(D_{max})平均值显著小于 0，表示大多数小区没有超产效应(D_{max} 值小于 0 的小区分别占总小区数的 72%、65%)，即混种小区的生产力常常低于对应的单种小区中生产力的最高值。

2007 年 C_3 草本植物与 C_4 草本植物对 D_{max} 有显著的负效应，而阔叶草本植物有显著的正效应，而豆科对 D_{max} 无显著影响；然而，在 2008 年，4 个功能群组

成对 D_{max} 都没有显著的影响(表 2.5)。另外，2 年中物种丰富度与功能群丰富度对 D_{max} 都没有显著的影响(表 2.5)。

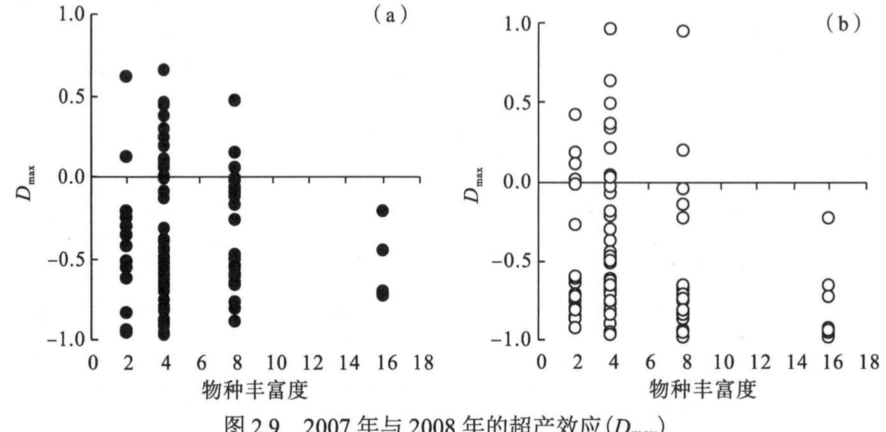

图 2.9　2007 年与 2008 年的超产效应(D_{max})

表 2.5　基于 type Ⅲ 平方和，对植物多样性与超产效应的关系进行方差分析

(其中，“↑”或“↓”表示正或负效应，且 P<0.05 时用粗体表示)

变异来源	df	D_{max} (2007)		df	D_{max} (2008)	
		F	P		F	P
豆科植物	1	0.90	0.345	1	0.02	0.886
C_3 草本植物	1	6.02	**0.016↓**	1	0.13	0.718
C_4 草本植物	1	28.03	< 0.001↓	1	0.45	0.505
阔叶草本植物	1	7.99	**0.006↑**	1	0.12	0.731
物种丰富度	3	1.87	0.139	3	0.99	0.402
功能群丰富度	3	2.23	0.112	3	0.31	0.816
物种丰富度×豆科植物	2	0.09	0.911	2	0.01	0.986
功能群丰富度×豆科植物	2	1.53	0.223	2	0.19	0.905
残差	95			123		

2.2.4　多样性效应

2007 年与 2008 年中不同的物种组成对互补效应有显著的影响(表 2.6)。2007 年互补效应的平均值是物种丰富度 2 时显著低于 4 与 8 的，2008 年是物种丰富度 16 时显著低于 2、4、8 的，而其他丰富度之间没有显著差异［图 2.10(a)、(b)］。2008 年物种丰富度与互补效应呈显著地线性负相关关系，而 2007 年呈单峰格局，其关系式为：$y=-0.389x^2+6.974x-10.707$ ($r=0.247$)。2007 年和 2008 年分别有 67.0% 与 58.5%的混种群落中互补作用对生产力有正效应，总体上都显著大于 0，且 2008 年的互补效应平均值显著比 2007 年的高。另外，2007 年与 2008 年的互补效应与生产力都呈显著的正相关关系，这表明互补效应对生产力的提高有重要作用［图 2.10(c)、(d)］。

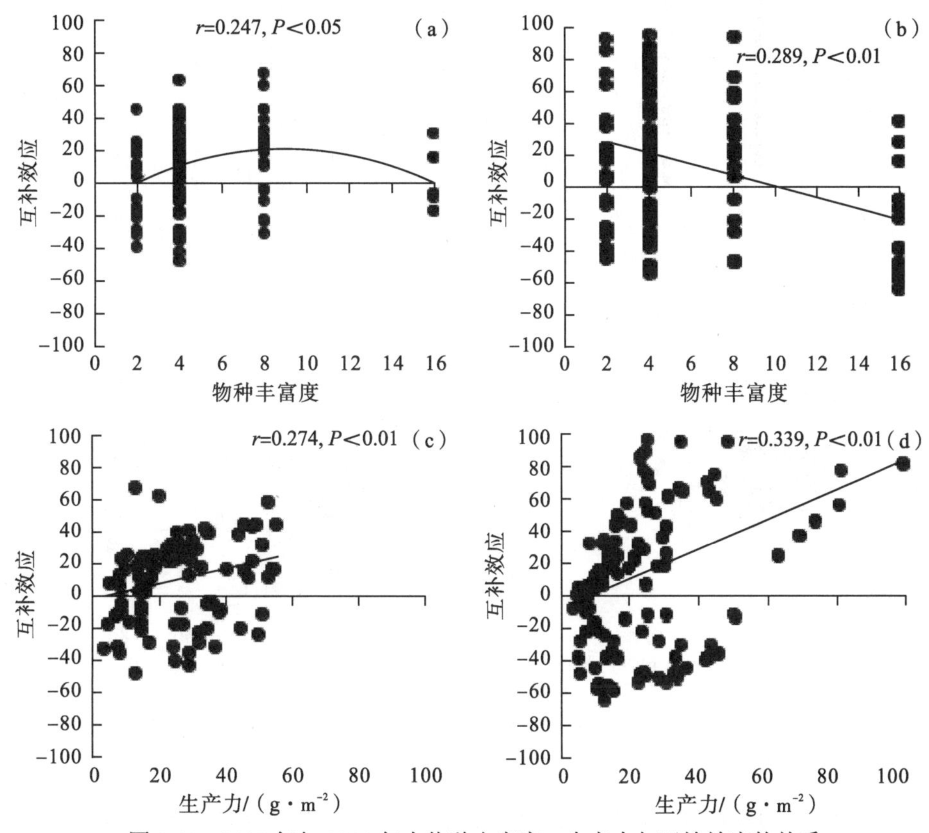

图 2.10　2007 年与 2008 年中物种丰富度、生产力与互补效应的关系

2007 年与 2008 年中不同物种组成对选择效应都有显著影响(表 2.6)，但 2007 年与 2008 年选择效应的平均值在物种丰富度之间都没有显著差异［图 2.11(a)、(b)］。2007 年与 2008 年选择效应小于 0 的值分别占 62.0%与 57.7%，总体上都显著小于 0，且 2008 年的负选择效应显著比 2007 年大(表 2.6)。另外，2007 年与 2008 年的选择效应与群落生产力的相关性都不显著，这表明选择效应对生产力的提高作用不明显［图 2.11(c)、(d)］。总之，2008 年负选择效应显著比 2007 年大，而 2008 年的互补效应和净多样性效应都比 2007 年显著小，且 2007 年净选择效应总体上显著大于 0，2008 年总体上显著小于 0，主要是由于 2007 年的正互补

效应的值要比负选择效应的值显著地大，同样 2008 年负选择效应的值要比正互补效应的值显著地大(图 2.10，图 2.11，表 2.6)。

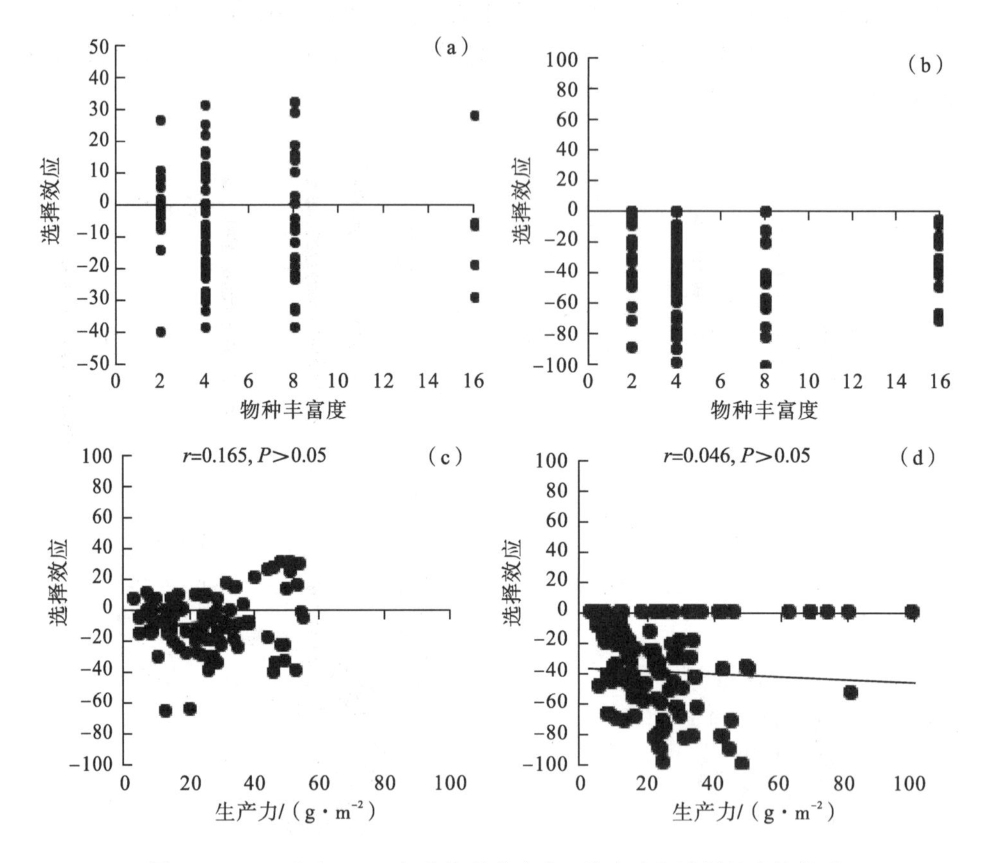

图 2.11 2007 年与 2008 年中物种丰富度、生产力与选择效应的关系

表 2.6 舟山人工湿地多样性实验中多样性效应在 2007 年与 2008 年的分析

变异来源	df	互补效应		选择效应		净多样性效应		df	生产力	
		MS	F	MS	F	MS	F		MS	F
物种丰富度(2007)	3	1454.9	2.32	329.0	0.93	983.8	1.88	4	1058.1	5.93^{***}
物种组成(2007)	99	139.6	0.44^{***}	2519.1	22.39^{***}	47.4	0.41^{*}	117	208.5	1.24^{***}
残差	96	627.4		355.6		524.0		113	2015.9	
总数	198							234		
物种丰富度(2008)	3	4282.1	3.87^{*}	189.9	0.29	3448.0	4.72^{**}	4	920.0	2.58^{*}
物种组成(2008)	129	1179.3	1.34^{***}	646.58	1.77^{***}	794.5	3.35^{***}	145	371.6	0.82^{***}
残差	126	13929.5		8282.8		9214.4		141	1865.3	
总数	258							290		

续表

变异来源	df	互补效应		选择效应		净多样性效应		df	生产力	
		MS	F	MS	F	MS	F		MS	F
年度	1	359.0	0.40	1755.7	3.33*	5027.27	7.83**	1	951.6	3.44
年度×物种丰富度	3	1220.1	1.36	351.4	0.67	1055.57	1.64	4	589.9	2.13*
残差	222	19969.2		11694.9		14254.6		254	7036.6	
总数	226							259		

注：自由度(df)：degrees of freedom；均方差(MS)：mean squares。近似显著水平为 $0.05<P<0.1$。* 表示显著水平为 $P<0.05$；** 表示非常显著水平为 $P<0.01$；***表示极显著水平为 $P<0.001$。下同。

2.3　讨　论

表 2.7 对植物多样性与群落生产力关系进行了汇总。

表 2.7　植物多样性与生产力关系的汇总表

实验时间	植物多样性	群落生产力	超产效应	取样效应
2007 年 9 月	物种丰富度	显著相关	不显著相关	不显著相关
	功能群丰富度	显著相关	nd	nd
	物种组成	A+	nd	nd
	功能群组成	C_3 +	C_3－，C_4－	nd
2008 年 9 月	物种丰富度	单峰格局	不显著相关	不显著相关
	功能群丰富度	不显著相关	nd	nd
	物种组成	B+，C−	nd	nd
	功能群组成	C_3 +	不显著相关	nd

注：nd：无数据；A+：芦竹、山类芦、斑茅、伞房决明、美人蕉与生产力正相关；C_3 +：C_3 草本植物对生产力有显著的正效应；B+：芦竹、山类芦与生产力正相关；C−：胡枝子与生产力负相关；C_3－：C_3 草本植物与超产效应负相关；C_4－：C_4 草本植物与超产效应负相关。

2.3.1　物种丰富度与功能群丰富度对生产力的影响

从图 2.3、图 2.4 与表 2.7 可知，本研究在 2007 年与 2008 年中植物多样性与生产力的关系不同，这有可能是由于两年的形成机制有所不同。2007 年物种丰富度与生产力的关系是呈线性正相关(图 2.3)，这表明在人工湿地高氮供应下，植物混种群落的生产力较高，其原因可能是：①资源的互补性利用(互补效应)导致(Tilman et al.，2001；Fornara and Tilman，2008)，即植物丰富度越高的植物群落，越能更完全地利用基质中的可利用氮(硝态氮、铵态氮);或选择效应导致(Aarssen,1997;Huston,1997),即植物丰富度越高的植物群落,越有可能选种生产力高的物种,如本研究中的芦竹、斑茅、山类芦等(Zhu et al.,2010)。然而,本研究发现:2007 年中大多数小区没有超产效应(图 2.9),从而表明选择效应对群落生产力的影响占主导。②植物多样性对根区微生物生物量 C、N 与酶活性有显著影响(Zhang et al.,2010a、b),进而影响基质中的 N(Zhu et al.,2010),以及植物吸收、生长速率(生产力)(Phillip and Alexander,2000;Fisher et al.,2009),最后导致生产力在丰富度较高的群落中也较高(Hooper et al.,2005;Spehn et al.,2005)。在许多短期的草地多样性实验研究中也发现物种丰富度和生产量之间呈单调增加关系,且在施肥的样地中要比未施肥样地中表现更强 (Reich et al.,2001a、b;He et al.,2002;Fridley,2003;Dybzinski et al.,2008)。

本书中 2008 年的物种丰富度与生产力关系呈单峰格局(图 2.4),对其产生原因的解释最有可能是环境异质性假说(Grimm et al.,1997;Rapson et al.,1997),或是由于不同的资源供给率(Fridley,2002)。2008 年的单峰格局与张全国和张大勇(2002)及 Hughes 和 Petchey (2001)的研究结果相似,支持多样性与生产力关系的单峰格局假说(Diaz and Cabido,2001;Huston,et al.,2000;Fridley,2001;Petchey,2003;Fornara and Tilman,2009)。同样,在草地长时间多样性实验中,也发现高可利用营养能导致亚优势种的竞争性下降,同时也增加群落生产力,最终导致形成生产力和物种丰富度之间的“单峰格局”关系 (Grime,1973;DiTommaso and Aarssen,1989;Grace,1999)。另外,单峰格局说明过高的物种数量不利于群落获得高的生产力,适当的物种数量组合对生产力影响最合理(Schmid,2002;Schmid and Hector,2004)。

2008 年,物种丰富度与生产力呈单峰格局(图 2.4),且峰值出现在丰富度为 4 时,这说明多物种不利于群落长期维持高生产力,而 4 个物种的群落生产力比较稳定,它可能是可持续的稳定群落,且 4 个物种人工可操作性强,适宜在人工湿地中推广运用。因此,本书结果与 Engelhardt 和 Ritchie (2001)的研究结果相一致,即为了提高湿地对人类的服务功能,在物种丰富度管理中应保持在中度多样性下可能达到生态系统功能的最大化。

功能群丰富度(即功能群多样性)对生产力的影响在两年中有所不同,即 2007 年是呈正相关的,而 2008 年无显著相关性,这可能是由于功能群丰富度在高氮的人工湿地系统中对生态系统过程的影响不占主导地位。

2.3.2 物种组成与功能群组成对生产力的影响

本研究中,物种组成对生产力有显著的影响(图 2.3,图 2.4,表 2.3,表 2.7),

这可能是由于不同物种间在生长率、资源利用能力及功能特征方面存在较大的差异(Hector，1989；Tilman et al.，1997a；Hooper and Vitousek，1997，1998；Fornara and Tilman 2008)。因为高的生产力能提高人工湿地的污染去除效率(Tanner，1996；蒋跃平等，2005；Cao et al.，2011)，且芦竹、山类芦、斑茅等对生产力都有显著正效应(表 2.4)，所以本研究中高生产力的物种(如芦竹、斑茅、山类芦等)将会在人工湿地的污染物去除方面起到重要的作用(Caicedo et al.，2000；Lu et al.，2009)。

功能群组成对群落生产力有一定的影响(图 2.5，图 2.6，表 2.4，表 2.7)，Hector 等(1999)，Tilman 等(1997)和 Fornara 等(2009)的研究也表明：功能群组成对系统生产力、养分循环和光透性有显著影响，对生态系统过程起决定性作用。然而，固氮的豆科植物对生产力没有显著影响(表 2.3)，但 C_3 草本植物对生产力表现为显著的影响，特别是 C_3 草本植物的单种最高产物种(即芦竹)对生产力有显著正效应。这些结论能为人工湿地中植物配置与科学管理提供很好的实验支持。

总之，在短期多样性实验中，物种多样性对生态系统功能(如生产力)存在正效应，植物群落生产力受物种多样性、功能群多样性和物种组成与功能群组成的多重影响。当然，不同的生态系统功能对生物多样性会有不同的响应模式。

2.3.3　本研究中生产力与其他多样性研究中的对比

本研究中，2007 年的生产力最高值为 3121 $g\cdot m^{-2}$，大约是其他研究中最高值(1610 $g\cdot m^{-2}$)的 2 倍(Hector et al.，1999；Roscher et al.，2008；Bessler et al.，2009，表 2.7)，而最低值(20 $g\cdot m^{-2}$)与其他多样性研究接近(Tilman et al.，1997，2001；Harpole and Tilman，2007)(表 2.8)。同时，本研究为高氮环境中植物多样性与生产力关系研究提供了成功的典范。

表 2.8　不同生物多样性实验中生产力的平均值及其范围

实验地	群落类型	实验样地大小/m	实验小区数量	生产力/($g\cdot m^{-2}$)		参考文献
				平均值	范围	
美国明尼苏达	热带草地	13×13	289	nd	20～180	Tilman et al. 1997
欧洲八大样地	草地	2×2	480	337～802	10～1500	Hector et al. 1999
美国明尼斯达	热带草地	13×13	289	75～325	5～700	Tilman et al. 2001
德国图林根	草地和草本植物	3.5×3.5	96	nd	337～1610	Bessler et al. 2009

续表

实验地	群落类型	实验样地大小/m	实验小区数量	生产力/($g·m^{-2}$)		参考文献
				平均值	范围	
美国加利福尼亚	草地	2×2	96	nd	200～700	Harpole and Tilman，2007
德国耶拿	温带草地	3.5×3.5	206	627～817	20～1600	Roscher et al.，2008
中国浙江	亚热带草地	3×3	118	847	20～3121	Zhu et al. 2010

注：8 个欧洲样地包括英国的 2 个，德国、爱尔兰、希腊、葡萄牙、瑞典、瑞士各 1 个；nd 表示无数据。

2.3.4 超产效应的原因分析

超产效应的存在意味着混种群落的绝对生产力超过其组成中生产力水平最高种的单产，是互补效应最为严格的衡量指标(Fridley，2003；Bessler et al.，2009)。一般而言，只要实验生态系统中出现超产效应，就可以认为存在资源互补效应。因此，超产效应常用于植物群落中选择效应与互补效应的鉴定(Tilman et al.，2001；Hector and Hooper，2002；van Ruijven and Berendse，2005)。本研究发现，2007 年与 2008 年中大多数小区没有超产效应(图 2.9)，说明选择效应在本研究中占优势，从而表明选择效应对群落生产力有重要影响，即选择效应的强度要大于互补效应，但不能排除互补效应的存在，这种现象可能与人工湿地中生活污水的高氮供应有关(Zhu et al.，2010)。

由表 2.3 可知：在 2007 年功能群组成对超产效应有显著影响，而在 2008 年没有显著影响，且 2 年中植物多样性对 D_{max} 都没有显著影响，从而说明选择效应对生产力的贡献大于互补效应，而且单种时生产力高的物种在混种群落中生产力占优势，但是部分小区存在的超产效应主要是由于资源合理分配与物种间正相互作用(Hector et al.，2002；Marquad et al.，2009)

2.3.5 取样效应假说的验证

取样效应假说认为，在取样效应作用下，单种最高产的物种应该在多样性高的混种群落中更占优势(Hector et al.，2002；Dybzinski et al.，2008)。然而，本实验中单种最高产物种(芦竹)在混种群落中生产力比例是随着物种丰富度增加而显著降低(图 2.8)，这表明单种最高产物种(芦竹)在混种时并不一定表现为高产，其原因可能是生长的分配与竞争、对不同资源的竞争能力、在特定环境中资源的变化等(Hector et al.，2002；Fox，2005)。

2.3.6　物种丰富度与特种组成对多样性效应的影响

本研究中所采用的物种在生长特性、物候期、养分利用等方面均存在较大差异。按理论推测，随着多样性的增加，群落的互补效应也应线性增加，群落生产力水平应不断提高(Tilman and Thomson，1997)。然而，2008 年物种丰富度与互补效应呈显著的线性负相关。2007 年植物物种丰富度与互补效应呈显著的单峰格局，这可能是由于在混种群落中，不仅存在互补效应，还可能存在其他作用机理(如竞争作用、生化相克作用等)(Hooper，1998)。另外，2007 年与 2008 年的选择效应与生产力的相关性都不显著，这可能是由于特种(高生产力的物种)在混种群落中优势地位因不同的植物组成而表现不同，不能表现出相对一致的趋势(Fox，2005)。

2008 年负选择效应显著比 2007 年要高，而 2008 年的互补效应与净多样性效应都比 2007 年要小(图 2.10、图 2.11，表 2.7)，正如 Pacala 等(2002)与 Huston 等(2000)理论分析的一样，即关于从“选择向互补转型”的理论认为群落建立初期，多样性的作用机制主要是选择效应，但是生态位互补的作用会随时间的推移而加强，并逐步成为主要的多样性作用机制。分离加性法结果也表明，在生长稳定期，互补效应为主要的多样性作用机制，但关于这种作用机制的原因及其作用尚待进一步探讨(Loreau and Hertor，2001)。

本研究发现，物种丰富度与净多样性效应的关系在 2007 年呈显著单峰格局，这与 Jiang 等(2008)的研究结果一致，而 2008 年呈显著的线形负相关性，这种变化可能是由于生物多样性-生态系统功能关系的影响因素在 2 年中有所变化，因为生物多样性-生态系统功能关系的形成取决于物种的竞争力和它们对环境的影响(物种生态位)等因素。

2007 年与 2008 年中不同物种组成对多样性净效应、互补效应与选择效应都有显著影响(表 2.6)，这表明，除物种丰富度外，物种(或功能群)的成分对生产力、养分循环等过程的影响更大，说明物种的特性是多样性研究中不可忽视的重要因素(Tilman，1998)。另外，大量有关生物多样性-生态系统功能关系的研究文献表明，选择效应比互补效应更为普遍，从而说明物种组成要比物种间的相互作用更能影响生态系统功能(Hooper and Vitousek，1997)。

参 考 文 献

侯彦林，周永娟，李红英，等. 2008. 中国农田氮面源污染研究：I 污染类型区划和分省污染现状分析. 农业环境科学学报，27(4)：1271-1276.

蒋跃平，葛滢，岳春雷，等. 2004. 人工湿地植物对观赏水中氮磷去除的贡献. 生态学报，24(8)：1720-1725.

蒋跃平，葛滢，岳春雷，等. 2005. 轻度富营养化水人工湿地处理系统中植物的特性. 浙江大学学报(理学版)，32(3)：309-313.

张全国，张大勇. 2002. 生产力、可靠度与物种多样性：微宇宙实验研究. 生物多样性，10(2)：135-142.

Aarssen L W. 1997. High productivity in grassland ecosystems：effected by species diversity or productive species. Oikos，80，183-184.

Balvanera P，Pfisterer A B，Buchmann N，et al. 2006. Quantifying the evidence for biodiversity effects on ecosystem functioning and services. Ecol. Lett.，9：1-11.

Bessler H，Temperton V M，Roscher C，et al. 2009. Aboveground overyielding in grassland mixtures is associated with reduced biomass partitioning to belowground organs. Ecology，90：1520-1530.

Caicedo J R，van der Steen N P，Arce O，et al. 2000. Effect of ammonia nitrogen concentration and pH on growth rates of Duckweed（*Spirodela polyrrhiza*）. Water Res，34：3829-3835.

Cao H Q，Ge Y，Liu D，et al. 2011. NH_4^+/NO_3^- ratio affect Ryegrass（*Lolium perenne* L.）growth and N accumulation in a hydeoponic system. J. Plant Nutrition，34：1-11.

Cardinale B J，Srivastava D S，Duffy J E，et al. 2006. Effects of biodiversity on the functioning of trophic groups and ecosystems. Nature，443：989-992.

Díaz S，Cabido M. 2001. Vice difference：plant functional diversity matters to ecosystem processes. Trends Ecol. Evol，16：646-655.

DiTommaso A，Aarssen L W. 1989. Resource manipulations in natural vegetation：a review. Vegetation，84：9-29.

Dybzinski R，Fargione J E，Zak D R，et al. 2008. Soil fertility increases with plant species diversity in a long-term biodiversity experiment. Oecologia，158：85-93.

Engelhardt K A，Ritchie M E. 2001. Effect of macrophyte species richness on wetland ecosystem functioning and services. Nature，411：687-689.

Fisher J，Stratford C J，Buckton S. 2009. Variation in nutrient removal in three wetland blocks in relation to vegetation composition，inflow nutrient concentration and hydraulic loading. Eco. Eng，35：1387-1394.

Fornara D A，Tilman D，Hobbie S E. 2009. Linkages between plant functional composition，fine root processes and potential soil N mineralization rates. J. Ecol，97：48-56.

Fornara D A，Tilman D. 2008. Plant functional composition influences rates of soil carbon and nitrogen accumulation. J. Ecol，96：314-322.

Fornara D A，Tilman D. 2009. Ecological mechanisms associated with the positive diversity-productivity relationship in a N-limited grassland. Ecology，90(2)：408-418.

Fox J W. 2005. Interpreting the ‘selection effect’ of biodiversity on ecosystem function. Ecol. Lett.，8：846-856.

Fridley J D. 2001. The influence of species diversity on ecosystem productivity：how，where，and why. Oikos，93：514-526.

Fridley J D. 2002. Resource availability dominates and alters the relationship between species diversity and ecosystem productivity in experimental plant communities. Oecologia，132：271-277.

Fridley J D. 2003. Diversity effects on production in different light and fertility environments：an experiment with communities of annual plants. J. Ecol.，91：396-406.

Grace J B. 1999. The factors controlling species density in herbaceous plant communities：an assessment. Perspectives in Plant Ecology，Evolution，and Systematics，2：1-28.

Grime J P. 1973. Competitive exclusion in herbaceous vegetation. Nature，242：344-347.

Grimm V，Babel W C. 1997. The ecological stability discussion：an inventory and analysis of terminology and a guide for avoiding confusion. Oecologia，109：323-334.

Harpole W C，Tilman D. 2007. Grassland species loss resulting from reduced niche dimension. Nature，447：7910-793.

He J S，Bazzaz F A，Schmid B. 2002. Interactive effects of diversity，nutrients and elevated CO_2 on experimental plant communities. Oikos，97：337-348.

Hector A，Bazeley-White E，Loreau M，et al. 2002. Overyielding in grassland communities：testing the sampling effect hypothesis with replicated biodiversity experiments. Ecol. Lett.，5：502-511.

Hector A，Schmid B，Beierkuhnlein C，et al. 1999. Plant diversity and productivity experiments in European grasslands. Science，286：1123-1127.

Hector A. 1998. The effect of diversity on productivity：detecting the role of species complementarity. Oikos，82：597-599.

Hooper D U，Chapin F S，Ewel J J，et al. 2005. Effects of biodiversity on ecosystem functioning：a consensus of current knowledge. Ecol. Monogr.，75：3-35.

Hooper D U，Vitousek P M. 1997. The effects of plant composition and diversity on ecosystem processes. Science，277：1302-1305.

Hooper D U，Vitousek P M. 1998. Effects of plant composition and diversity on nutrient cycling. Ecol. Monogr.，68：121-149.

Hooper D U. 1998. The role of complementarity and competition in ecosystem responses to variation in plant diversity. Ecology，79：704-719.

Hughes J B，Petchey O L. 2001. Merging perspectives on biodiversity and ecosystem functioning. Trends Ecol. Evol.，16：222-223.

Huston M A，Aarssen L W，Austin M P，et al. 2000. No consistent effect of plant diversity on productivity. Science，289：1255a.

Huston M A. 1997. Hidden treatments in ecological experiments：reevaluating the ecosystem function of biodiversity. Oecologia，110：449-460.

Jiang L，Pu Z C，Nemergut D R. 2008. On the importance of the negative selection effect for the relationship between biodiversity and ecosystem functioning. Oikos，117：488-493.

Kenkel N C，Peltzer D A，Baluta D. et al. 2000. Increasing plant diversity does not influence productivity：empirical evidence and potential mechanisms. Commun. Ecol.，1：165-170.

Liu D，Ge Y，Chang J，et al. 2009. Constructed wetlands in China：recent developments and future challenges. Front. Ecol. Environ.，7：261-268.

Loreau M，Hector A. 2001. Partitioning selection and complementarity in biodiversity experiments. Nature，412：72-76.

Loreau M，Naeem S，Inchausti P. 2002. Biodiversity and Ecosystem Functioning：Synthesis And Perspectives. Oxford :Oxford University Press.

Loreau M. 1998. Biodiversity and ecosystem functioning：a mechanistic model. PNAS，95：5632-5636.

Lu S Y，Wu F C，Lu Y F，et al. 2009. Phosphorus removal from agricultural runoff by constructed wetland. Eco. Eng.，35：402-409.

Marquard E，Weigelt A，Temperton V M，et al. 2009. Plant species richness and functional composition drive overyielding in a six-year grassland experiment. Ecology，90(12)：3290-3302.

Montès N，Maestre F T，Ballini C，et al. 2008. On the relative importance of the effects of selection and complementarity as drivers of diversity-productivity relationships in Mediterranean shrublands. Oikos，117：1345-1350.

Pacala S，Tilman D. 2002. The transition from samp ling to complementarity // KinzigA，Pacala S，Tilman D. The Functional Consequences of Biodiversity：Empirical Progress and Theoretical Extensions. Princeton：Princeton University Press.

Petchey O L. 2003. Integrating methods that investigate how complementarity influences ecosystem functioning. Oikos，101：323-330.

Philip A M B，Alexander J H. 2000. Denitrification in constructed free-water surface wetlands：II. Effects of vegetation and temperature. Ecol. Eng.，14：17-32.

Rapson G L，Thompson K，Hodgson J G. 1997. The humped relationship between species richness and biomass-testing its sensitivity to sample quadrat size. Ecology，85：99-100.

Reich P B，Knops J，Tilman D，et al. 2001a. Plant diversity enhances ecosystem responses to elevated CO_2 and nitrogen deposition. Nature，410：809-812.

Reich P B，Tilman D，Craine J，et al. 2001b. Do species and functional groups differ in acquisition and use of C，N and water under varying atmospheric CO_2 and N availability regimes A field test with 16 grassland species. New Phytologist，150：435-448.

Roscher C，Thein S，Schmid B，et al. 2008. Complementary nitrogen use among potentially dominant species in a biodiversity experiment varies between two years. J. Ecol.，96：477-488.

Schimel J P，Bennett J. 2004. Nitrogen mineralization：challenges of a changing paradigm. Ecology，85：591-602.

Schmid B. 2002. The species richness-productivity controversy. Trends Ecol. Evol.，17：113-114.

Spehn E M，Hector A，Joshi J，et al. 2005. Ecosystem effects of biodiversity manipulations in European grasslands. Ecol. Monogr.，75：37-63.

Spehn E M，Scherer-Lorenzen M，Schmid B，et al. 2002. The role of legumes as a component of biodiversity in a cross-European study of grassland biomass nitrogen. Oikos，98：205-218.

Tilman D，Knops J，Wedin D，et al. 1997a. The influence of functional diversity and composition on ecosystem processes. Science，277：1300-1302.

Tilman D，Lehman D L，Thomson K E. 1997b. Plant diversity and ecosystem productivity：theoretical considerations. PNAS，94：1857-1861.

Tilman D，Reich P B，Knops J，et al. 2001. Diversity and productivity in a long-term grassland experiment. Science，294：843-845.

Tilman D. 1996. Biodiversity：population versus ecosystem stability. Ecology，77：350-363.

Tilman D. 1997. Distinguishing between the effects of species diversity and species composition. Oikos，80：185.

van Ruijven J，Berendse F. 2005. Diversity-productivity relationship：Initial effect，long-term patterns，and underlying mechanisms. Ecology，102：695-700.

Wacker L，Oksana B，Eichenberger-Glinz S，et al. 2009. Diversity effects in early- and mid-successional species pools along a nitrogen gradient. Ecology，90(3)：637-648.

Yue C L，Chang J，Ge Y，et al. 2004. Treatment efficiency of domestic wastewater by vertical/reverse-vertical flow constructed wetland. Fresenius Environmental Bulletin，13(6)：505-507.

Zhang C B，Wang J，Liu W L，et al. 2010a. Effects of plant diversity on microbial biomass and community metabolic profiles in a full-scale constructed wetland. Ecol. Eng.，36(1)：62-68.

Zhang C B，Wang J，Liu W L，et al. 2010b. Effects of plant diversity on nutrient retention and enzyme activities in a full-scale constructed wetland. Bioresour. Technol.，101：1686-1692.

Zhang Q G，Zhang D Y. 2007. Colonization sequence influences selection and complementarity effects on biomass production in experimental algal microcosms. Oikos，116：1748-1758.

Zhu S X，Ge H L，Ge Y，et al. 2010. Effects of plant diversity on biomass production and substrate nitrogen in a subsurface vertical flow constructed wetland. Ecol. Eng.，36(10)：1307-1313.

第3章　人工湿地中植物多样性对基质无机氮的影响

因为植物在氮循环中扮演主要的角色，所以大部分植物多样性研究是关注植物物种丰富度损失对氮循环的影响(Hooper and Vitousek，1997；Scherer-Lorenzen et al.，2003)。在这些实验中，植物多样性与基质无机氮有各种相关性的表现(表 1.1)。

长期以来，生态学家们一直使用净氮矿化来研究基质对植物的供氮能力(Binkley and Hart，1989)。氮供应速率主要取决于矿化，而矿化受到生物(如节肢动物与微生物)与非生物因素的影响(主要是温度和湿度)(Swift et al.，1979；Binkley and Hart，1989；Breemen，1993)。另外，植物物种能影响基质矿化速率(Wedin and Tilman，1990；Binkley and Valentine，1991；Stelzer and Bowman，1998；Tanja et al.，2001；Dybzinski et al.，2008)，且不同群落类型、演替序列和群落中的物种组成及物种多样性都可以影响到基质中氮的矿化(Li et al.，2003)。因而，本章开展了高氮供应下人工湿地中植物多样性对基质无机氮与氮矿化的影响研究。

3.1　材料与方法

3.1.1　研究样地与植物配置

同第 2 章的研究样地与植物配置。

3.1.2　基质样品采集与无机氮测定

采集地上生物量同步(即 2007 年与 2008 年 9 月底)采集 0～30 cm 基质样品，采集基质样方与同年采集的植物样方相同(表 2.1)。

基质采集方法是在每个小区采用五点法取样混匀后带回实验室，过筛去掉基质样品中的根等，随后基质样在实验室中自然风干一周，再用 1mol·L^{-1} KCl 溶液浸提其中的铵态氮与硝态氮，最后用流动分析仪(SAN plus，Skalar，the Netherlands)测定基质中铵态氮与硝态氮含量。

3.1.3　基质氮的固持能力计算

按 Wardle 等(1997)、Loreau (1998)，Spehn 等(2002)和 Palmborg 等(2005)的方法计算 $D_T NH_4$ 与 $D_T NO_3$，公式为

$$D_T(NH_4/NO_3)=\frac{O_T-E_T}{E_T}$$

其中，O_T 是一个小区实测的基质铵态氮或硝态氮含量；$E_T=(B_1P_1+B_2P_2+\cdots+B_iP_i)/B$，1 =物种 1，2 =物种 2，…，$i$=物种 i (Grime，1998)，B_i 表示 i 物种在该小区的实测地上生物量，P_i 表示 i 物种单种时的基质铵态氮(或硝态氮)含量，B 表示该小区的实测地上生物量。D_T NH_4 或 D_T NO_3 小于 0 表示在混种区块中消耗土壤无机氮比对应的单种区块中的要多(Grime，1998；Spehn et al.，2002；Roscher et al.，2008)，而在人工湿地中植物消耗的无机氮主要是来源于植物对生活污水中氮的吸收、转化与保持，所以 $D_T NH_4$ 或 $D_T NO_3$ 小于 0 表示在高氮供应的人工湿地中混种小区对基质无机氮的固持能力大于对应的单种小区。

3.1.4　基质氮矿化的测定与计算

埋袋培养法是在野外条件下估计氮素矿化使用最早也是使用最广泛的方法之一(Eno，1960；Kovaes，1978；Schimel et al.，1985；Tanja et al.，2001)。在 2008 年 9 月底进行埋袋法基质原位培养(氮矿化培养样方见表 3.1)。

3.1　舟山朱家尖人工湿地中氮矿化实验中样方设计

功能群丰富度	每个实验小区中物种数量				
	1 个物种	2 个物种	4 个物种	8 个物种	16 个物种
1	16(7)[a]	12(6)	12(5)	—	—
2	—	16(14)	24(16)	6(2)	—
3	—	—	24(16)	6(3)	—
4	—	—	16(12)	16(9)	16(7)
合计	16(7)	28(20)	76(49)	28(14)	16(7)

注：a 表示由于原位培育，4 周后一部分小区的聚乙烯塑料袋没有找回；“—”表示没有实验小区。

每个小区采用五点法取基质样混匀后，一部分基质样带回实验室，过筛去掉基质样品中的根等，放在实验室中自然风干一周后，立即用 1mol·L^{-1} KCl 溶液进行浸提，用于测定其中的铵态氮和硝态氮的含量；另一部分样品装入聚乙烯塑料袋中，放回取基质的位置进行原位培育，经过 4 周以后，取出聚乙烯塑料袋，带回实验室，过筛去掉基质样品中的根等，随后基质样放在实验室中自然风干一周，再用 1mol·L^{-1} KCl 溶液浸提其中的铵态氮与硝态氮。所有基质样的浸提溶液用流动分析仪(SAN plus，Skalar，the Netherlands)测定其中的铵态氮与硝态氮含量。

参照 Schimel 等(1985)与 Tanja 等(2001)的方法，计算公式如下：

矿化速率[mg·(g·30d)$^{-1}$]=30×[(培养后铵态氮 +硝态氮) – (培养前铵态氮 +硝态氮)]/天数；

硝化速率[mg·(g·30d)$^{-1}$]=30×(培养后硝态氮–培养前硝态氮)/天数；

相对硝化率[NO_3(N·min)$^{-1}$]=(培养后硝态氮)/(培养后铵态氮+硝态氮)。

3.1.5 统计分析

同第 2 章的统计分析方法。

3.2 结果与分析

采集植物样品的同时，分别于 2007 年 9 月与 2008 年 9 月采集 118 个与 146 个小区基质样品用于测定无机氮；于 2008 年 9 月采集 97 个小区的基质样品用于测定基质氮矿化数据，最后对植物多样性与基质无机氮、氮矿化的关系进行分析，获得结果如下。

3.2.1 基质无机氮

2007 年 9 月与 2008 年 9 月的物种丰富度与基质硝态氮都呈显著正相关(图 3.1 与图 3.2)。在所有实验小区中，2007 年基质硝态氮的含量范围为 0.3～5.6 mg·kg^{-1}(阴干样品，下同)，平均值为 1.7±0.3 mg·kg^{-1}(图 3.1)。2008 年基质硝态氮的含量范围为 0.1～16.4 mg·kg^{-1}，平均值为 2.3±0.2 mg·kg^{-1}(图 3.2)。

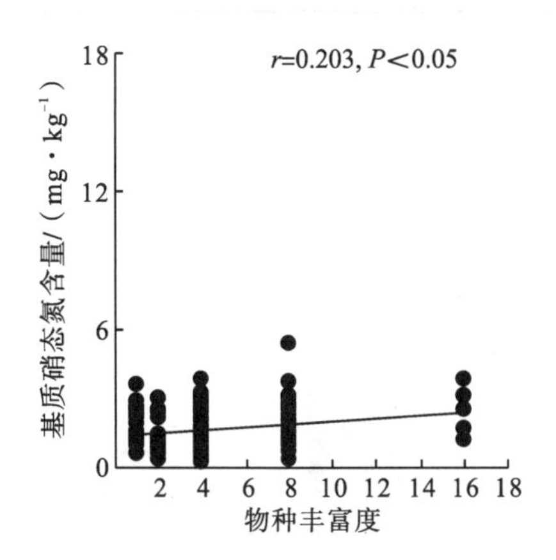

图 3.1　2007 年植物物种丰富度与基质硝态氮的关系

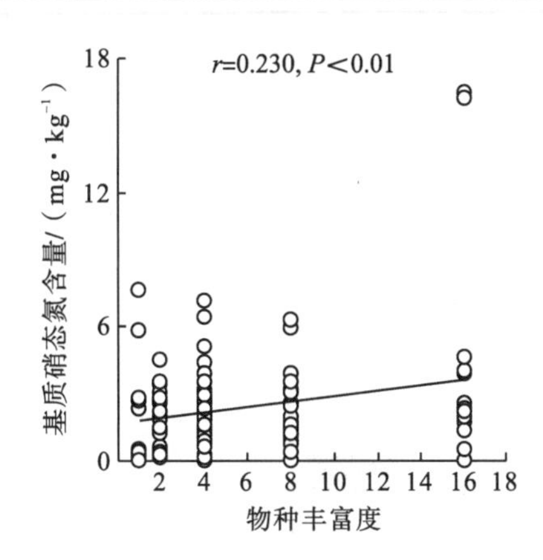

图 3.2　2008 年植物物种丰富度与基质硝态氮的关系

2007 年铵态氮在各物种丰富度水平上没有显著差异，2008 年基质铵态氮随着物种丰富度增加而显著递减(图 3.3、图 3.4)。在所有实验小区中，2007 年基质铵态氮的含量范围为 1.5～28.4 $mg{\cdot}kg^{-1}$，平均值为 7.3±0.6 $mg{\cdot}kg^{-1}$(图 3.3)；2008 年基质铵态氮的含量范围为 1.3～9.2 $mg{\cdot}kg^{-1}$，平均值为 2.8±0.1 $mg{\cdot}kg^{-1}$(图 3.4)。同时，由图 3.1～图 3.4 可知，2 年中各多样性水平内基质无机氮变化幅度都较大，表明物种组成对基质无机氮有显著影响。

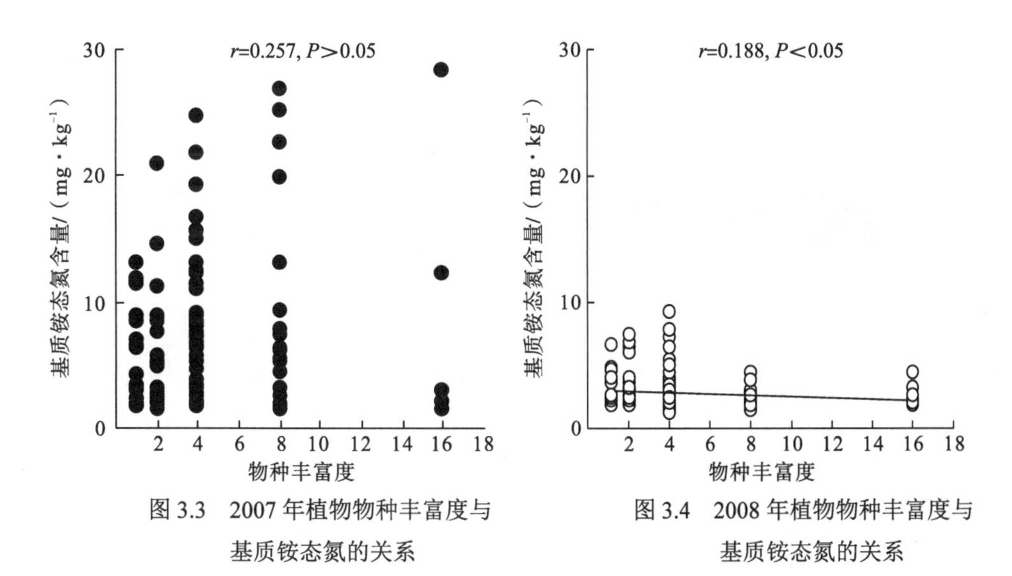

图 3.3　2007 年植物物种丰富度与基质铵态氮的关系

图 3.4　2008 年植物物种丰富度与基质铵态氮的关系

所有小区中基质硝态氮的平均值，在 2008 年显著高于 2007 年的值(图 3.5)，而铵态氮的平均值，在 2008 年显著低于 2007 年(图 3.6)。

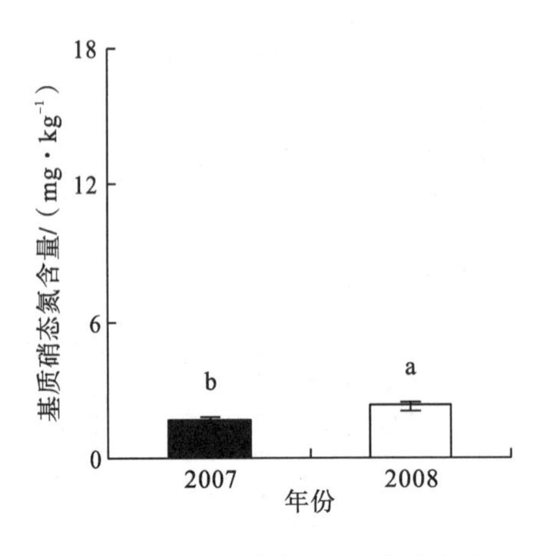

图 3.5　2007 年与 2008 年中所有小区基质硝态铵的平均值

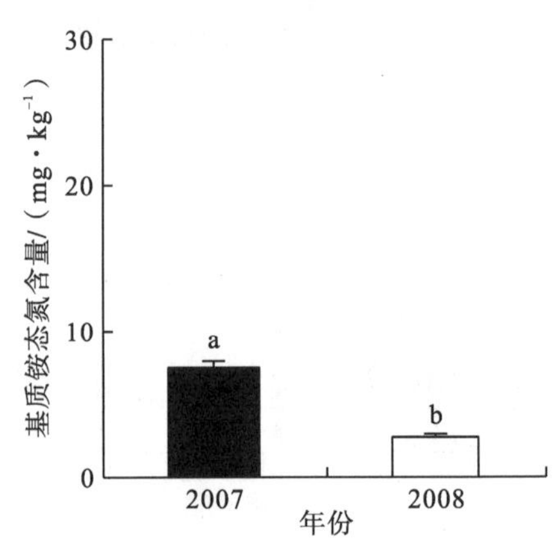

图 3.6　2007 年与 2008 年中所有小区基质铵态氮的平均值

基质铵态氮与硝态氮的关系在 2007 年 9 月是呈线性正相关，而在 2008 年 9 月无显著相关(图 3.7，图 3.8)。

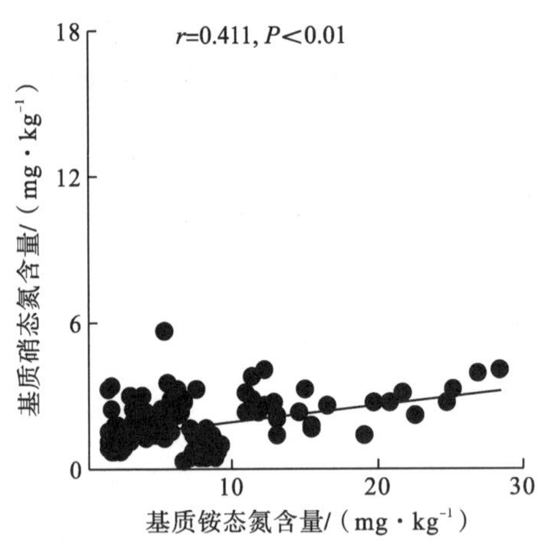

图 3.7　2007 年基质硝态氮与铵态氮的关系

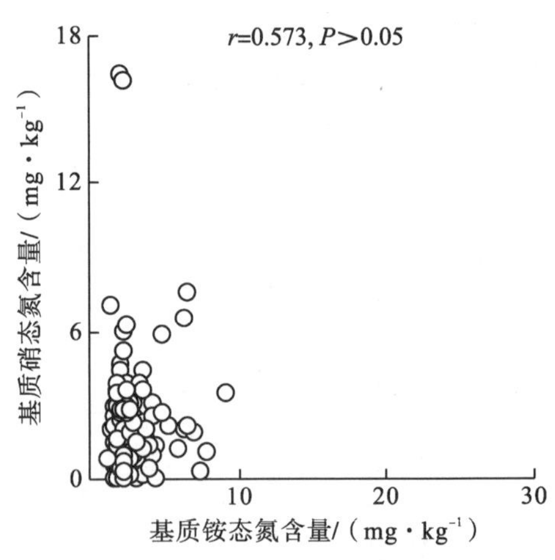

图 3.8　2008 年基质硝态氮与铵态氮的关系

2007 年与 2008 年的生产力与基质硝态氮与铵态氮含量都没有显著相关性(图 3.9～图 3.12)。

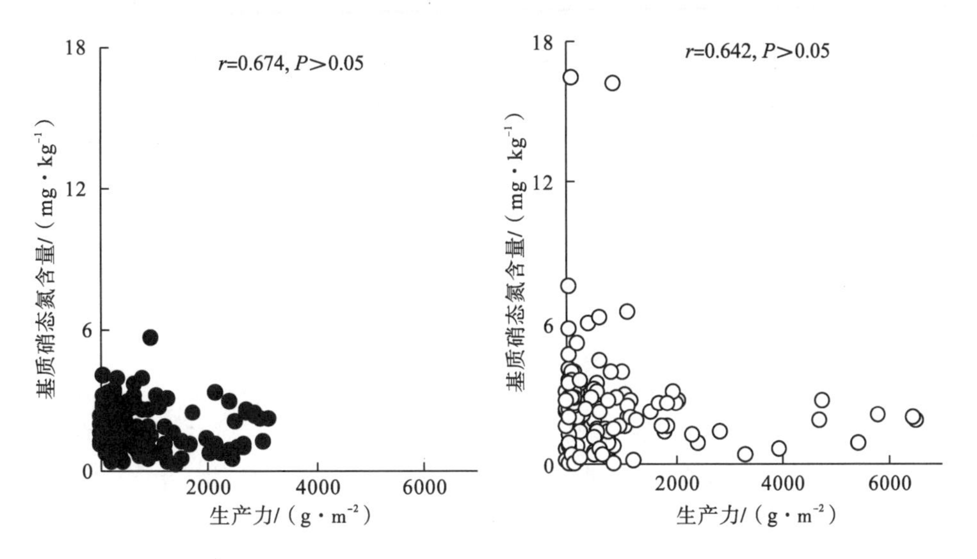

图 3.9　2007 年生产力与基质硝态氮的关系　图 3.10　2008 年生产力与基质硝态氮的关系

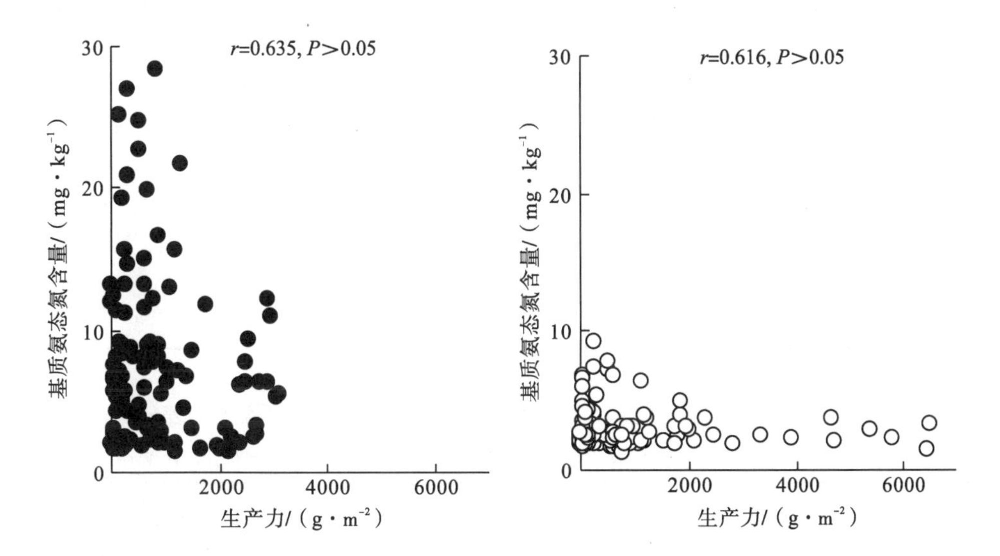

图 3.11　2007 年生产力与基质铵态氮的关系　图 3.12　2008 年生产力与基质铵态氮的关系

在功能群组成效应上，C_3 草本植物、C_4 草本植物、豆科植物和非阔叶草本植物分别对基质无机氮在 2 年中都没有显著的影响(表 3.2)。

在物种组成效应上，表 3.3 表明，2007 年，薏提子(*C. lacryma–jobi*)、白茅(*I. cylindrical*)与马棘(*I. pseudotinctoria*)对基质硝态氮有显著正效应；2008 年，芒(*M. sinensis*)和山类芦(*N. montana*)对基质硝态氮有显著正效应；2007 年，再丽花(*L. salicaria*)和千屈菜(*T. dealbata*)对基质铵态氮有显著正效应；2008 年，芦竹(*A. donax*)、伞房决明(*C. tora*)和马棘对基质铵态氮有显著负效应。

表 3.2　基于 type Ⅲ 平方和，对植物多样性与基质无机氮的关系进行方差分析

（其中，“↑”或“↓” 表示正或负效应，且 $P<0.05$ 时用粗体表示）

年份	变异来源	Df	基质硝态氮		基质铵态氮	
			F	P	F	P
2007	豆科植物	1	1.53	0.218	1.30	0.257
	C_3 草本植物	1	0.38	0.538	0.10	0.752
	C_4 草本植物	1	0.11	0.746	2.15	0.146
	阔叶草本植物	1	0.10	0.750	3.61	0.060
	物种丰富度	4	2.19	**0.049**↑	0.57	0.688
	物种丰富度×豆科植物	3	0.75	0.524	1.63	0.187
	残差	109				
2008	豆科植物	1	1.46	0.229	1.35	0.247
	C_3 草本植物	1	0.29	0.593	0.16	0.695
	C_4 草本植物	1	1.16	0.284	0.49	0.485
	阔叶草本植物	1	1.64	0.202	0.37	0.544
	物种丰富度	4	4.38	**0.008**↑	1.98	**0.040**↓
	物种丰富度×豆科植物	3	0.14	0.937	0.99	0.399
	残差	137				
	年度	1	6.45	**0.012**	81.76	< **0.001**
	年度×物种丰富度	3	0.41	0.799	1.21	0.306
	残差	254				

表 3.3　基于 type Ⅲ 平方和，对植物物种与基质无机氮的关系进行方差分析

（其中，“+”或“–” 表示某物种的有无对无机氮有正或负效应，且 $P<0.05$ 时用粗体表示）

年份	物种		基质硝态氮	基质铵态氮
			P	P
2007	芦竹(*Arundo donax*)(C_3)		0.884	0.539
	芦苇(*Phragmites australis*)(C_3)		0.951	0.450
	菩提子(*Coix lacryma-jobi*)(C_4)	+	**0.021**	0.798
	白茅(*Imperata cylindrical*)(C_4)	+	**0.050**	0.230
	芒(*Miscanthus sinensis*)(C_4)		0.297	0.979
	山类芦(*Neyraudia montana*)(C_4)		0.689	0.680
	斑茅（*Saccharum arundinaceum*)(C_4)		0.807	0.470
	荻(*Triarrhena sacchariflora*)(C_4)		0.290	0.771
	杭子梢（*Campylotropis macrocarpa*)(L)		0.623	0.569

续表

年份	物种	基质硝态氮		基质铵态氮	
			P		*P*
	伞房决明(*Cassia tora*)(L)		0.639		0.834
	马棘 (*Indigofera pseudotinctoria*)(L)	+	**0.001**		0.724
	胡枝子(*Lespedeza bicolor*)(L)		0.246		0.436
	美人蕉 (*Canna indica*)(F)		0.056		0.062
	风车草(*Cyperus alternifolius*)(F)		0.538		0.436
	千屈菜 (*Lythrum salicaria*)(F)		0.152	+	**0.026**
	再力花(*Thalia dealbata*)(F)		0.089	+	**0.035**
2008	芦竹(*Arundo donax*)(C_3)		0.177	–	**0.049**
	芦苇(*Phragmites australis*)(C_3)		0.171		0.478
	薏提子(*Coix lacryma-jobi*)(C_4)		0.183		0.255
	白茅(*Imperata cylindrical*)(C_4)		0.447		0.378
	芒(*Miscanthus sinensis*)(C_4)	+	**0.018**		0.487
	山类芦(*Neyraudia montana*)(C_4)	+	**0.006**		0.233
	斑茅 (*Saccharum arundinaceum*)(C_4)		0.071		0.073
	荻(*Triarrhena sacchariflora*)(C_4)		0.129		0.145
	杭子梢 (*Campylotropis macrocarpa*)(L)		0.091		0.473
	伞房决明(*Cassia tora*)(L)		0.240	–	**0.019**
	马棘 (*Indigofera pseudotinctoria*)(L)		0.064	–	**0.005**
	胡枝子(*Lespedeza bicolor*)(L)		0.058		0.181
	美人蕉 (*Canna indica*)(F)		0.255		0.410
	风车草(*Cyperus alternifolius*)(F)		0.070		0.426
	千屈菜 (*Lythrum salicaria*)(F)		0.091		0.628
	再力花(*Thalia dealbata*)(F)		0.343		0.127

3.2.2　基质氮固持能力

在物种丰富度水平上，2007 年的 $D_T NO_3$ 与 $D_T NH_4$ 小于 0 的混种小区数分别占总混种小区的 90%与 85%[图 3.12(a)、(b)]，表明混种小区对无机氮的固持能力显著高于对应的单种小区。然而，2008 年的 $D_T NO_3$ 与 $D_T NH_4$ 小于 0 的混种小区数分别虽然只占总混种小区的 68%与 71%[图 3.13(a)、(b)]，但混种小区对无机氮的固持能力仍然显著高于对应的单种小区。

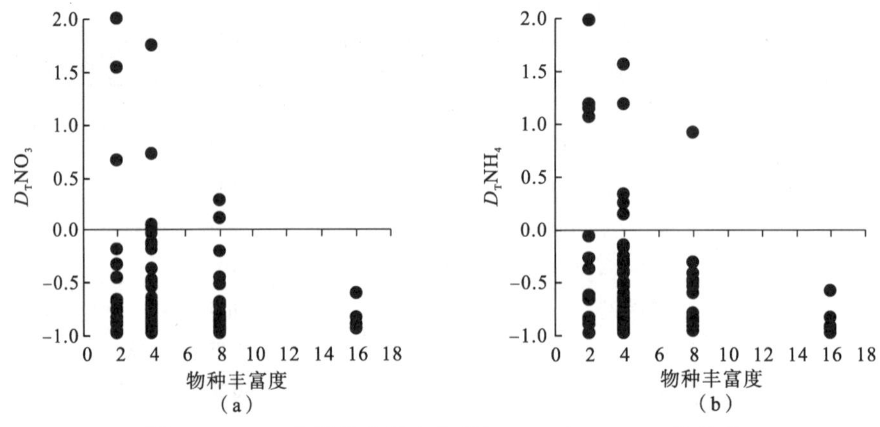

图 3.12 2007 年植物物种丰富度与 D_TNO_3、D_TNH_4 的关系

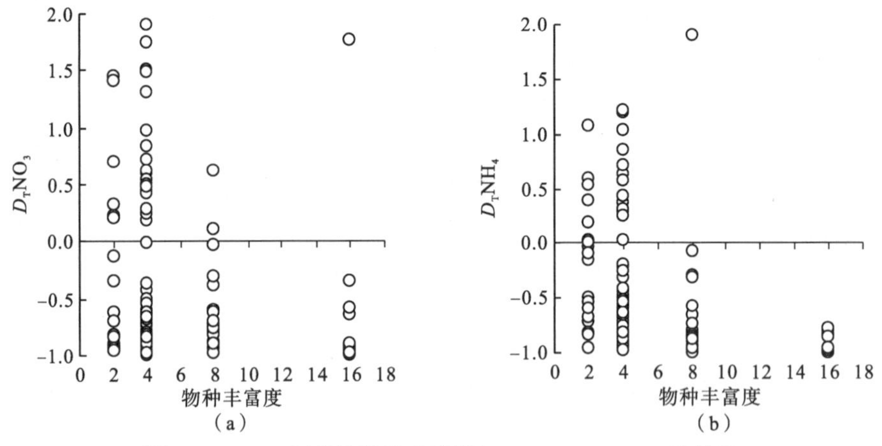

图 3.13 2008 年植物物种丰富度与 D_TNO_3、D_TNH_4 的关系

在功能群组成上，2007 年是 C_4 草本植物对 $D_T NO_3$ 与 $D_T NH_4$ 都有显著的负效应，而阔叶草本植物对 $D_T NO_3$ 有显著的正效应(表 3.4)。然而，2008 年只有物种丰富度对 $D_T NH_4$ 有显著的负效应(表 3.4)，且 $D_T NO_3$ 与 $D_T NH_4$ 在 2 年之间都有显著差异(表 3.4)。

表 3.4 基于 type Ⅲ 平方和，对植物多样性与 $D_T NO_3$、$D_T NH_4$ 的关系进行方差分析

(其中，“↑”或“↓” 表示正或负效应，且 P<0.05 时用粗体表示)

年份	变异来源	df	$D_T NO_3$		$D_T NH_4$	
			F	P	F	P
2007	豆科植物	1	2.17	0.143	2.94	0.058
	C_3 草本植物	1	1.66	0.200	0.58	0.448
	C_4 草本植物	1	15.94	**< 0.001↓**	13.67	**< 0.001↓**

续表

年份	变异来源	df	D_T NO_3		D_T NH_4	
			F	*P*	*F*	*P*
	阔叶草本植物	1	4.48	**0.037↑**	2.81	0.097
	物种丰富度	3	2.63	0.055	1.93	0.131
	物种丰富度×豆科植物	2	0.49	0.616	0.58	0.561
	残差	94				
2008	豆科植物	1	0.13	0.720	0.63	0.429
	C_3 草本植物	1	0.03	0.875	2.16	0.144
	C_4 草本植物	1	0.47	0.494	0.63	0.429
	阔叶草本植物	1	1.96	0.164	0.17	0.683
	物种丰富度	3	1.70	0.171	3.14	**0.028↓**
	物种丰富度×豆科植物	2	0.31	0.731	0.74	0.481
	残差	123				
	年度	1	9.21	**0.003**	4.94	**0.027**
	年度×物种丰富度	3	1.06	0.365	0.73	0.533
	残差	223				

3.2.3　基质氮矿化

2008 年 9 月的植物物种丰富度与基质氮矿化速率、净硝化速率、相对硝化率都呈正相关(图 3.14～图 3.16)，而且基质氮矿化速率、硝化速率、相对硝化率的值在不同小区中表现出显著的不同，其范围分别为 0.05～5.84 mg·(kg·30d)$^{-1}$、0.03～5.43 mg·(kg·30d)$^{-1}$ 与 0.03～0.88 NO_3 (N·min)$^{-1}$，其平均值分别为 1.16 ± 0.10 mg·(kg·30d)$^{-1}$、0.81±0.08 mg·(kg·30d)$^{-1}$ 与 0.42±0.02 NO_3 (N·min)$^{-1}$。

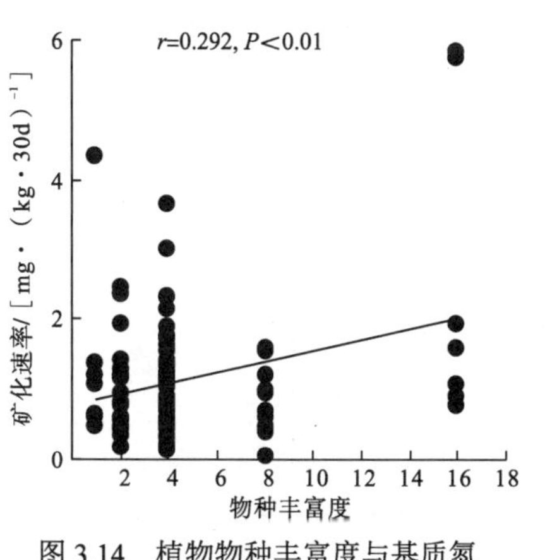

图 3.14　植物物种丰富度与基质氮矿化速率的关系

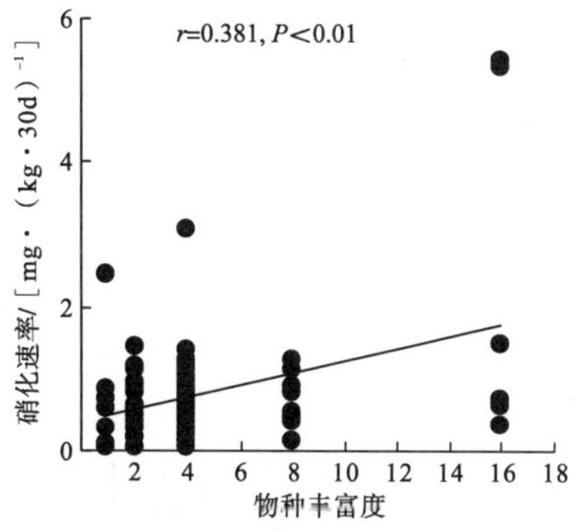

图 3.15　植物物种丰富度与基质净硝化速率的关系

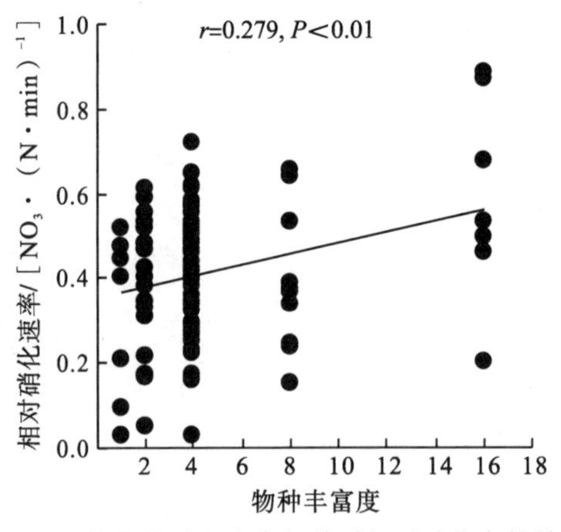

图 3.16 植物物种丰富度与基质相对硝化率的关系

功能群丰富度(1 种，2 种，3 种，4 种)与基质氮矿化速率、净硝化速率、相对硝化率都没有显著的相关性(图 3.17～图 3.19)。

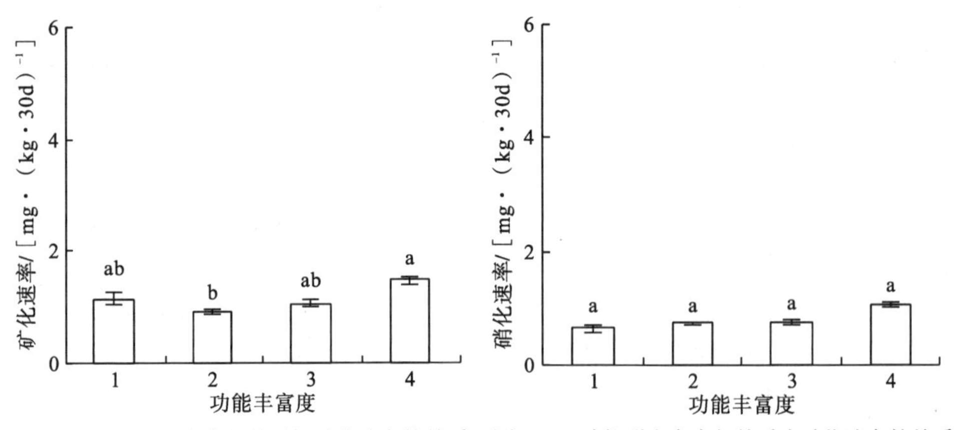

图 3.17 功能群丰富度与基质氮矿化速率的关系　图 3.18 功能群丰富度与基质净硝化速率的关系

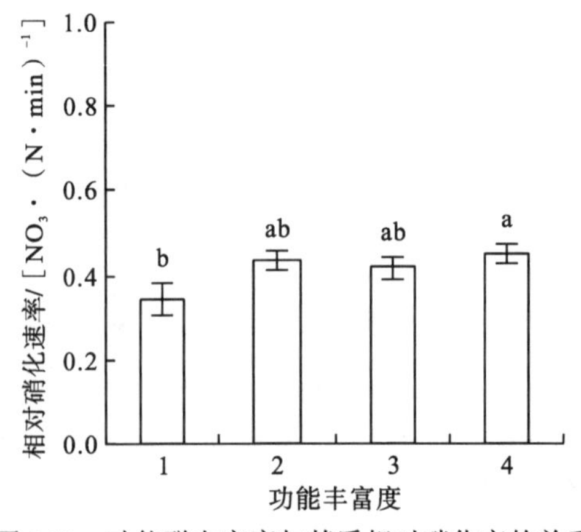

图 3.19 功能群丰富度与基质相对硝化率的关系

基质无机氮(包括硝态氮与铵态氮)与基质氮矿化速率呈线性正相关(图 3.20，图 3.21)。

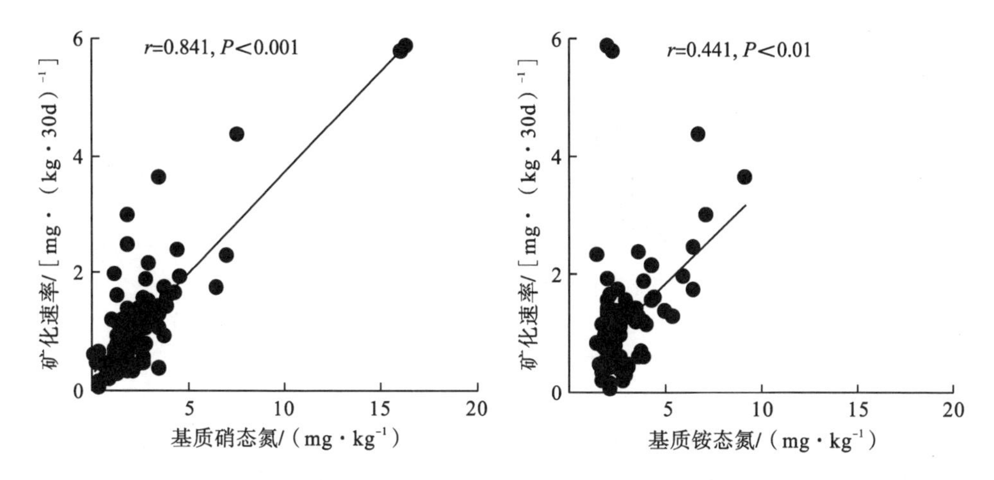

图 3.20　基质硝态氮与基质氮矿化速率的关系　图 3.21　基质铵态氮与基质氮矿化速率的关系

基质氮硝化速率与相对硝化率呈显著的指数相关(P<0.001，图 3.22)，基质氮矿化速率与硝化速率、相对硝化率呈显著的线性正相关(P<0.01，图 3.23；P<0.001，图 3.24)。

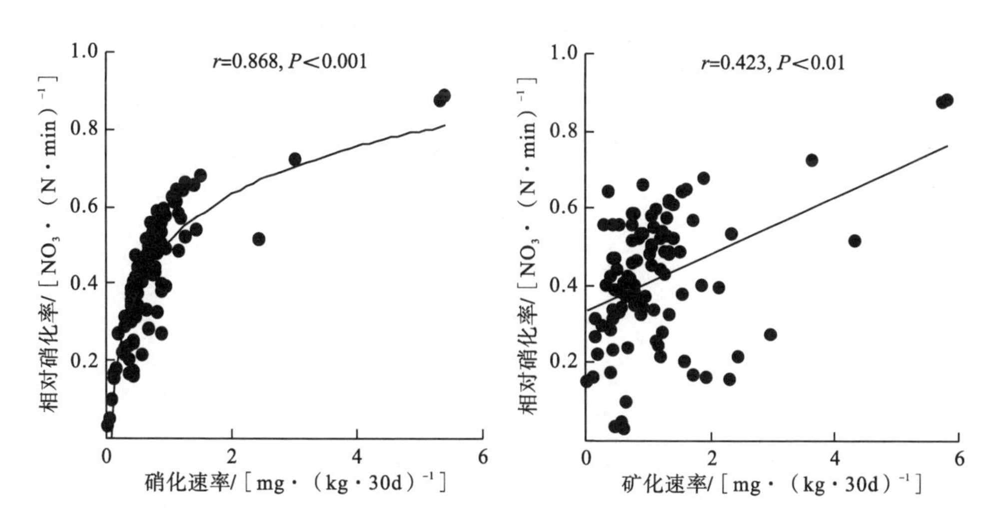

图 3.22　基质氮硝化速率与相对硝化率的关系　图 3.23　基质氮矿化速率与相对硝化率的关系

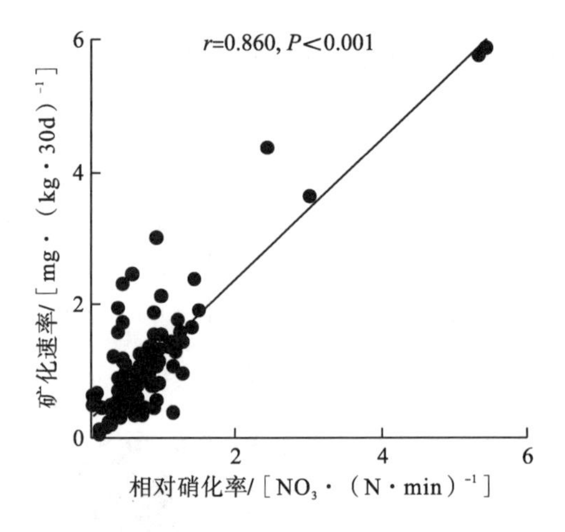

图 3.24　基质硝化速率与矿化速率的关系

生产力对基质氮硝化速率有显著的正效应(P=0.03)，而生产力对基质氮矿化速率与相对硝化率都没有显著的相关性(二者均为 P>0.05，见表 3.5)。

不同物种组成对基质氮矿化速率、硝化速率、相对硝化率都有显著的影响(表 3.6)，具体表现的物种有：芦苇、芒、斑茅与杭子梢出现的样方对基质氮矿化速率都有显著的正效应；芒、山类芦、斑茅、杭子梢、马棘与胡枝子出现的样方对基质氮硝化速率都有显著的正效应；芒、斑茅、马棘与胡枝子出现的样方对基质氮相对硝化率都有显著正效应。

表 3.5　基于 type Ⅲ 平方和，对植物多样性与基质氮矿化的关系进行方差分析

(其中，“↑”或“↓”表示正或负效应，且 P<0.05 时用粗体表示)

变异来源	df	矿化速率		硝化速率		相对硝化速率	
		F	P	F	P	F	P
豆科植物	1	2.44	0.12	1.71	0.19	1.92	0.17
C_3 草本植物	1	0.22	0.64	0.07	0.80	0.08	0.78
C_4 草本植物	1	0.96	0.33	1.83	0.18	2.87	0.09
阔叶草本植物	1	0.13	0.99	0.16	0.69	0.05	0.83
地上生物量	91	2.05	0.22	5.94	**0.03**↑	0.86	0.67
植物物种丰富度	4	5.01	**0.001**↑	5.95	**<0.001**↑	2.72	**0.034**↑
功能群丰富度	3	1.73	0.17	1.21	0.31	1.53	0.21
残差	96						

表 3.6 基于 type Ⅲ 平方和，对植物物种与基质氮矿化的关系进行方差分析

（其中，“+”或“–” 表示某物种的有无对无机氮有正或负效应，且 $P<0.05$ 时用粗体表示）

物种	矿化速率		硝化速率		相对硝化速率	
		P		*P*		*P*
芦竹(*Arundo donax*)(C_3)		0.669		0.334		0.915
芦苇(*Phragmites australis*)(C_3)	+	**0.015**		0.095		0.145
薏提子(*Coix lacryma–jobi*)(C_4)		0.193		0.252		0.615
白茅(*Imperata cylindrical*)(C_4)		0.916		0.274		0.397
芒(*Miscanthus sinensis*)(C_4)	+	**0.015**	+	**<0.001**	+	**0.001**
山类芦(*Neyraudia montana*)(C_4)		0.060	+	**0.022**		0.242
斑茅 (*Saccharum arundinaceum*)(C_4)	+	**0.027**	+	**0.001**	+	**<0.001**
荻(*Triarrhena sacchariflora*)(C_4)		0.194		0.093		0.317
杭子梢(*Campylotropis macrocarpa*)(L)	+	**0.010**	+	**0.008**		0.296
伞房决明(*Cassia tora*)(L)		0.580		0.358		0.349
马棘(*Indigofera pseudotinctoria*)(L)		0.124	+	**0.024**	+	**0.013**
胡枝子(*Lespedeza bicolor*)(L)		0.100	+	**0.011**	+	**0.017**
美人蕉 (*Canna indica*)(F)		0.289		0.054		0.143
风车草(*Cyperus alternifolius*)(F)		0.148		0.120		0.127
千屈菜 (*Lythrum salicaria*)(F)		0.106		0.083		0.810
再力花(*Thalia dealbata*)(F)		0.407		0.068		0.195

注：C_3、C_4、L 和 F 分别表示 C_3 草本植物，C_4 草本植物，豆科植物和阔叶草本植物。

3.3 讨 论

表 3.7 对植物多样性与基质无机氮、氮矿化的关系进行了汇总。

表 3.7 植物多样性与基质无机氮与氮矿化关系的汇总表

实验时间	植物多样性	基质硝态氮	基质铵态氮	基质氮矿化	基质氮固持能力
2007 年 9 月	物种丰富度	显著相关	不显著相关	nd	I
	功能群丰富度	nd	nd	nd	nd
	物种组成	D+	F+	nd	nd
	功能群组成	不显著相关	不显著相关	nd	C_4–，forbs+

续表

实验时间	植物多样性	基质硝态氮	基质铵态氮	基质氮矿化	基质氮固持能力
2008 年 9 月	物种丰富度	显著相关	不显著相关	H+	I
	功能群丰富度	nd	nd	不显著相关	nd
	物种组成	E+	G–	显著相关	nd
	功能群组成	不显著相关	不显著相关	不显著相关	不显著相关

注：nd：无数据；D+：菩提子、白茅、马棘与基质硝态氮正相关；E+：芒、山类芦与基质硝态氮正相关；F+：再丽花、千屈菜与基质铵态氮正相关；G–：芦竹、伞房决明、马棘与基质铵态氮负相关；H+：物种丰富度与基质氮矿化速率、净硝化速率、相对硝化率都正相关；I：混种小区的氮固持能力显著高于单种的。C_4–：C_4 草本植物与基质氮固持能力负相关；forbs +：非禾本草本植物与基质氮固持能力正相关。

3.3.1 物种丰富度对基质硝氮与铵氮的影响

大多数氮限制草地中多样性研究的结果是基质氮库随着物种丰富度的增加而减少(Tilman et al.，1996；Niklaus et al.，2001；Scherer–Lorenzen et al.，2003；Fornara and Tilman，2009)。这些实验中的有关机制是：植物通过互补作用可以使用可利用营养，即在多样性生态系统中，强烈竞争作用促进时空上的生态位分化，从而更有效地利用资源(Hooper et al.，2005)。因而，在大部分氮限制的草地实验中，较高多样性的植物群落消耗基质氮的能力也较强，但氮不能得到及时的补充(Scherer–Lorenaen et al.，2003；Palmborg et al.，2005；Oelmann et al.，2007)。然而，本研究中基质硝态氮是随着物种丰富度增加而显著增加的(图 3.1，图 3.2，表 3.2，表 3.7)，这可能是由于以下几个方面的原因：①在多样性较高的混种群落有较高根密度，这样多样性有利于基质对硝态氮的保持与积累，因而较高多样性的植物群落固持氮的能力较强(图 3.12，图 3.13)；②氮可以从进入人工湿地的生活污水中得到不断补充(Zhu et al.，2010)，而且复合垂直流人工湿地的复氧迅速，有利于根区好氧微生物的活动，促进了基质中的硝化作用(张翔凌，2007)；③多样性越高的植物群落，其根分泌能力也越强(Braskerud，2002)，那么该群落的根区微生物生物量碳与氮也越高(Zhang et al.，2010a、b)。因而，本研究表明，在高氮条件与氮限制条件下基质氮的保持与吸收机制有所不同，这对于植物多样性与基质营养之间的关系以及营养动力学的研究都具有重要的借鉴价值。

决定硝态氮浓度的因素主要有 2 个：铵态氮浓度与微生物群落(Braskerud，2002；Zhang et al.，2010a、b、c)。在 2007 年，铵态氮浓度与微生物群落共同决定硝态氮浓度(2007 年铵态氮与硝态氮是呈正相关的，见图 3.7)，而在 2008 年，可能是由微生物起主要作用，而铵态氮浓度成为次要因素(2008 年氨硝没有显著的相关性，见图 3.6、表 3.5)。另外，硝态氮与物种丰富度正相关的斜率在 2008

年高于多样性配置的 2007 年(图 3.1，图 3.3)(Zhu et al.，2010)，表明硝态氮与物种丰富度正相关随着实验时间有增强趋势，其原因可能是：随着植物生长，供碳增多，微生物区系发育加强(Wardle et al.，2004；Sugiyama et al.，2008)。

本研究发现，在 2008 年植物多样性与基质铵态氮显著负相关(图 3.4，表 3.2)，可能是由于多样性高时硝化作用强于氨化作用，基质微生物及酶活性(如过氧化氢酶、脲酶和磷酸酶等)增强有利于硝化加强(Zhang et al.，2010a、b)，即铵态氮转化为硝态氮增加，导致氨存留量随多样性增加而显著减少。另外，生产力与基质铵硝含量都没有显著相关性，这可能是由于生产力增加所需的氮可以通过污水中的氮得到补充，而不会导致基质中的氮库的变化，所以这与“生产力增加氮库则降低”的现象(Palmborg et al.，2005)不一致。另外，本研究样地复合垂直流人工湿地的常水位处于沙面 20 cm 处，通过间歇式布水使水位波动，可以提供硝化作用需要的好氧环境(Liu et al.，2009)。因此，在氮供应高水平下植物多样性对提高根区硝化作用的贡献随时间而提高(图 3.1，图 3.3)。

基质中植物可用矿物氮的数量取决于各种时空上的过程，包括植物吸收、微生物的氨化和硝化作用(Hartwig，1998；Schimel and Bennett，2004)。本研究中，基质中硝态氮含量从 2007 年到 2008 年是增加的，铵态氮含量是降低的(图 3.5，图 3.6)。同时，两年的生产力没有显著差异(图 2.7)，而且植物地上氮库约占地下基质氮库的 6%。因此，基质无机氮在两年中的变化与地上植物对氮的吸收作用关系不大，其主要原因可能是微生物群落的组成与功能得到加强，即通过微生物生物量的增加而提高微生物的氮保持能力(Corre et al.，2002；Shimel and Bennett，2004；Zhang et al.，2010a、b)，因而导致硝态氮的速率提高。

本书基质硝氮含量与 Palmborg 等(2005)报道的多样性实验中纯豆科小区的无机氮含量相近(表 3.8)，比 Scherer–Lorenzen(1999)报道的氮限制草地多样性实验中的值稍高或相似(Tilman et al.，1996；Hooper and Vitousek，1998)(表 3.8)。尽管本研究中氮供应显著高于草地实验生态系统的，但是它们的基质硝氮含量没有显著差异，这可能是由于人工湿地出水携带了硝氮、植物吸收以及基质的氨挥发与反硝化等原因。

表 3.8 不同生物多样性实验中基质硝态氮与铵态氮的含量

实验样地	群落类型	样地描述	硝态氮[a] $(mg \cdot kg^{-1})$	铵态氮[a] $(kg \cdot hm^{-2})$	参考文献
美国明尼苏达	热带草地	排水性好、细沙土、缺 N	0.2～0.4	nd[b]	Tilman et al.，1996
美国加利福尼亚州南圣何塞	一年生豆科植物	黏土含量高、营养贫瘠	0.3～5.5	nd	Hooper and Vitousek，1998
德国拜罗伊特	草地	壤砂土或砂性黏土、营养贫瘠	0～10.0	nd	Scherer–Lorenzen，1999

续表

实验样地	群落类型	样地描述	硝态氮[a] ($mg \cdot kg^{-1}$)	铵态氮[a] ($kg \cdot hm^{-2}$)	参考文献
瑞士西北部	草地	营养贫瘠的钙质基质	0～2.5	nd	Niklaus et al.，2001
SLU[c]	维管植物	细砂土且不施肥	nd	5.0～20.0[d] 0～7.5[e]	Palmborg et al.，2005
德国耶拿	温带草地	壤砂土、粉黏土、营养贫瘠	0～42.0	nd	Oelmann et al.，2007
美国明尼苏达	热带草地	排水性好、细砂土、缺 N	0～0.9	nd	Fornara and Tilman，2009
中国浙江	亚热带植物	高 N 且砂性基质	0.3～5.6 0.1～16.4	0.6～10.5 0.2～30.7	In 2007 in this study In 2008 in this study

注：a. 0～30cm 深干基质；b. 没有数据；c. 瑞士农业科技大学；d. 只有豆科区块；e. 豆科与非豆科混种的区块。

3.3.2 功能群组成、物种组成对基质硝氮与氨氮的影响

Tilman 等(1997)、Reich 等(2001)、Fornara 和 Tilman(2008，2009)认为，功能群组成对生态系统氮动力学有影响。Fornara 和 Tilman(2009)发现，功能群组成(C_4草本植物，C_3草本植物，阔叶草本植物，非豆科植物)对基质硝有显著的负效应。然而，本研究发现，功能群组成(C_4草本植物，C_3草本植物，阔叶草本植物和豆科植物)对基质无机氮都没有显著的影响(表 3.2)。

高氮下，豆科对基质无机氮没有显著的影响(表 3.2，表 3.3)，只有 *I. pseudotinctoria* 在 2007 年与 2008 年都对无机氮有显著影响，从而表明豆科在高氮环境下表现为不固氮或固氮少，或豆科捕获基质无机氮的能力较弱(Fox，2005)。

从图 3.1～图 3.4 中可知，在不同物种多样性水平上，基质无机氮含量是显著不同的，从而表明不同物种对基质无机氮有显著影响(表 3.3)，即物种组成对基质无机氮保持有显著影响。因而，在人工湿地的植物配置中要选择基质无机氮与生产力都较高的植物组合，如本书中 3 个物种组合的植物群落：①斑茅、芦苇、山类芦和芦竹；②斑茅、山类芦、菩提子和再丽花；③芦苇、山类芦、芦竹和千屈菜等。

总之，本研究表明，在高氮供应下，植物物种多样性与植物组成比功能群组成更能影响基质氮的保持与循环，Hooper 和 Vitousek (1998)也观察到这种现象。

3.3.3 植物多样性对基质氮固持能力的影响

2007 年与 2008 年的 D_T NO_3 与 D_T NH_4 都显著小于 0(图 3.12，图 3.13)，这表明混种小区对无机氮的固持能力显著高于对应的单种小区，表示植物在这 2 年中对资源的竞争都非常激烈(Palmborg et al.，2005；Roscher et al.，2008)。

同时，$D_T NO_3$ 与 $D_T NH_4$ 在 2007 年与 2008 年之间都有显著差异(表 3.4)，且对基质无机氮的利用机制有所不同，这可能是由于高氮供应可能会提高物种间的资源分配潜力，并使物种丰富度与地上氮库、生产力的关系变得更剧烈(Roscher et al.，2008)。另外，C_4 草本植物在 2007 年对 $D_T NO_3$ 与 $D_T NH_4$ 有显著的负效应，这表明这些 C_4 草本植物可能在基质资源获取时十分高效，并促进养分的互补吸收(Palmborg et al.，2005)。

3.3.4　植物多样性对基质氮矿化的影响

本书研究结果表明，植物物种丰富度对基质氮净矿化、净硝化、相对硝化率都有显著的正效应，而功能群丰富度则没有显著的相关性(图 3.14～图 3.16，表 3.5)。因此，我们的结果扩展了 Zak 等(2003)的研究，他们证明了氮矿化速率是随着植物物种丰富度的增加而增加的。植物种类是通过凋落物的质量和数量来间接影响基质氮素转化率的，而且不同群落类型和群落中的物种组成及物种丰富度都可以影响到基质中氮的矿化(Strader，1989；李贵才等，2001；Edwards et al.，2006；Meier and Bowman，2010)。本书的研究结果也表明，不同物种组成对基质氮净矿化、净硝化、相对硝化率有显著的影响(图 3.14～图 3.16，表 3.5)。正如 Tanja 等(2001)应用 6 种牧草进行的实验一样，其结果也表明，物种对氮素矿化速率有非常大的影响，而且适应基质肥力低的物种的氮矿化率和硝化率都较低，但适应基质肥力高的物种的氮矿化率和硝化率都较高。

矿化速率与硝化速率、相对硝化率都呈显著的正相关(图 3.23，图 3.24，表 3.7)，说明影响基质氮矿化作用的 2 个主要因素可能是基质硝态氮含量与微生物作用(Huang et al.，2008)。同时，Sierra (1997)发现培养前的基质矿质氮含量与培养期间矿化氮产量呈负相关，这表明基质中存在一个控制氮矿化的反馈机制，即较高的矿质氮初始值限制了基质氮矿化，且这一机制与基质微环境中的“矿化–固化”过程有关。因此，这与 Dybzinski 等(2008)的结果以及本书的结果有所不同，可能是因为与基质肥力有关的数据(播种植物的生产力与基质总氮的变化值)是随着多样性增加而显著增加。

参 考 文 献

李贵才，韩兴国，黄建辉，等. 2001. 森林生态系统土壤氮矿化影响因素研究进展. 生态学报，21(7)：1187-1195.

张翔凌. 2007. 不同基质对垂直流人工湿地处理效果及堵塞影响研究. 武汉：中国科学院水生生物研究所.

Binkley D，Hart S C. 1989. The component of nitrogen availability assessment in forest soil. Advances in Soil Science,

10：57-112.

Binkley D，Valentine D. 1991. Fifty year biogeochemical effects of green ash，white pine，and Norway spruce in a replicated experiment. Forest Ecology and Management，40：13-25.

Braskerud B C. 2002. Factors affecting nitrogen retention in small constructed wetlands treating agricultural non-point source pollution. Ecol. Eng.，18：351-370.

Breemen V N. 1993. Soils as biotic constructs favouring net primary productivity. Geoderma，57：183-212.

Corre M D，Schnabel R R，Stout W L. 2002. Spatial and seasonal variation of gross nitrogen transformations and microbial biomass in a northeastern US grassland. Soil Biol. Biochem.，34：445-457.

Dybzinski R，Fargione J E，Zak D R，et al. 2008. Soil fertility increases with plant species diversity in a long-term biodiversity experiment. Oecologia，158：85-93.

Edwardsa K R，ižková H，Zemanová K，et al. 2006. Plant growth and microbial processes in a constructed wetland planted with *Phalaris arundinacea.* Ecological engineering，27：153-165.

Eno C. 1960. Nitrate production in the field by incubating the soil in polyethylene bags. Soil Sci. Soc. Am. Proc.，24：277-279.

Fornara D A，Tilman D. 2008. Plant functional composition influences rates of soil carbon and nitrogen accumulation. J. Ecol. 96，314-322.

Fornara D A，Tilman D. 2009. Ecological mechanisms associated with the positive diversity-productivity relationship in a N-limited grassland. Ecology，90(2)：408-418.

Fox J W. 2005. Interpreting the "selection effect" of biodiversity on ecosystem function. Ecol. Lett.，8：846-856.

Grime J P. 1998. Benefits of plant diversity to ecosystems：immediate，filter and founder effects. J. Ecol.，86：902-910.

Hartwig U A. 1998. The regulation of symbiotic N_2 fixation：a conceptual model of N feedback from the ecosystem to the gene expression level. Perspectives in Plant Ecology，Evolution and Systematics，1：92-120.

Hooper D U，Chapin F S，Ewel J J，et al. 2005. Effects of biodiversity on ecosystem functioning：A consensus of current knowledge. Ecol. Monogr.，75：3-35.

Hooper D U，Vitousek P M. 1997. The effects of plant composition and diversity on ecosystem processes. Science，277：1302-1305.

Hooper D U，Vitousek P M. 1998. Effects of plant composition and diversity on nutrient cycling. Ecol. Monogr.，68(1)，121-149.

Huang Z Q，Xu Z H，Chen C R. 2008. Effect of mulching on labile soil organic matter pools，microbial community functional diversity and nitrogen transformations in two hardwood plantations of subtropical Australia. Applied Soil Ecology，40：229-239.

Kovaes M. 1978. Stickstoffverhaltnisse in Boden des Eichen Zerreichen Walkokosystems. Oecol. Plant，13：75-82.

Li G C，Han X G，Huang J H. 2003. A review of affecting factors of soil nitrogen mineralization in forest ecosystems. Acta Ecol. Sin.，21(7)：1187-1195.

Liu D，Ge Y，Chang J，et al. 2009. Constructed wetlands in China：recent developments and future challenges. Front. Ecol. Environ.，7：261-268.

Loreau M. 1998. Biodiversity and ecosystem functioning：a mechanistic model. PNAS，95：5632-5636.

Meier C L，Bowman W D. 2010. Chemical composition and diversity influence non-additive effects of litter mixtures on soil carbon and nitrogen cycling：implications for plant species loss. Soil Biology Biochemistry，42：1447-1454.

Niklaus P A，Kandeler E，Leadley P W，et al. 2001. A link between plant diversity，elevated CO_2 and soil nitrate. Oecologia，127：540-548.

Oelmann Y，Wilcke W，Temperton V M，et al. 2007. Soil and plant nitrogen pools as related to plant diversity in an experimental grassland. Soil Sci. Soc. Am. J.，71：720-729.

Palmborg C，Scherer-Lorenzen M，Jumpponen A，et al. 2005. Inorganic soil nitrogen under grassland plant communities of different species composition and diversity. Oikos，110：271-282.

Reich P B，Knops J，Tilman D，et al. 2001. Plant diversity enhances ecosystem responses to elevated CO_2，and nitrogen deposition. Nature，410：809-812.

Roscher C，Thein S，Schmid B，et al. 2008. Complementary nitrogen use among potentially dominant species in a biodiversity experiment varies between two years. J. Ecol.，96：477-488.

Scherer-Lorenzen M，Palmborg C，Prinz A，et al. 2003. The role of plant diversity and composition for nitrate leaching in grasslands. Ecology，84：1539-1552.

Schimel D，Stillwell M A，Woodmanse R G. 1985. Biogeochemistry of C，N and P in a soil catena of the short grass steppe. Ecology，66：276-282.

Schimel J P，Bennett J. 2004. Nitrogen mineralization：challenges of a changing paradigm. Ecology，85：591-602.

Sierra J. 1997. Temperature and soil moisture dependence of N mineralization in intact soil cores. Soil Biol. Biochem.，29（9/10）：1557-1563.

Spehn E M，Scherer-Lorenzen M，Schmid B，et al. 2002. The role of legumes as a component of biodiversity in a cross-European study of grassland biomass nitrogen. Oikos，98：205-218.

Stelzer H，Bowman W D. 1998. Differential influence of plant species on soil nitrogen transformations with in moist meadow alpine tundra. Ecosystems，1：464-474.

Strader R H，Binkley D，Wells C G. 1989. Nitrogen mineralization in high elevation forests of the Appalachians. I. Regional patterns in southern spruce-fir forests. Biogeochemistry，7：131-145.

Sugiyama S，Zabed H M，Okubo A. 2008. Relationships between soil microbial diversity and plant community structure in seminatural grasslands. Grassland Sci.，54：117-124.

Swift M J，Heal O W，Anderson J M. 1979. Decompositionin Terrestrial Ecosystems. Studies in Ecology. Oxford：Blackwell science.

Tanja A J，van Der K，Berendse F. 2001. The effect of plant species on soil nitrogen mineralization. J. Ecol.，89（4）：555-561.

Tilman D，Knops J，Wedin D，et al. 1997. The influence of functional diversity and composition on ecosystem processes. Science，277；1300-1302.

Tilman D，Wedin D，Knops J. 1996. Productivity and sustainability influenced by biodiversity in grassland ecosystems. Nature，379：718-720.

Wardle D A，Bardgett R D，Klironomos J N，et al. 2004. Ecological linkages between aboveground and belowground biota. Science，304：1629-1633.

Wardle D A，Bonner K I，Nicholson K S. 1997. Biodiversity and plant litter：experimental evidence which does not support the view that enhanced species richness improves ecosystem function. Oikos，79：247-258.

Wedin D A，Tilman D. 1990. Species effects on nitrogen cycling：a test with perennial grasses. Oecologia，84：433-441.

Zak D R，Holmes W E，White D C，et al. 2003. Plant diversity，soil microbial communities，and ecosystem function：are there any links？Ecology，84：2042-2050.

Zhang C B，Ke S S，Wang J，et al. 2010a. Responses of microbial activity and community metabolic profiles to plant functional group diversity in a full-scale constructed wetland. Geodama，160：503-508.

Zhang C B，Wang J，Liu W L，et al. 2010b. Effects of plant diversity on microbial biomass and community metabolic profiles in a full-scale constructed wetland. Ecol. Eng.，36(1)：62-68.

Zhang C B，Wang J，Liu W L，et al. 2010c. Effects of plant diversity on nutrient retention and enzyme activities in a full-scale constructed wetland. Bioresour. Technol.，101：1686-1692.

Zhu S X，Ge H L，Ge Y，et al. 2010. Effects of plant diversity on biomass production and substrate nitrogen in a subsurface vertical flow constructed wetland. Ecol. Eng.，36(10)：1307-1313.

第4章　人工湿地中植物多样性对基质营养季节动态的影响

尽管有证据证实植物物种能影响生态系统过程(如营养循环)，但是植物多样性对营养循环的影响仍有许多争论。例如，植物丰富度能通过营养吸收的互补效应或生态位分化影响营养循环，不同物种能获得不同比例的可利用营养库，植物总吸收量可以随着多样性的增加而增加，而淋溶的营养损失随着多样性的增加而减少(Trenbath，1974；Bazzaz，1987；Niklaus et al.，2001；Palmborg et al.，2005)。另外，在多样性高的植物群落中，一种或少数几种物种的营养吸收占主导，而且与单种有相似的营养利用效应(Tilman，1988；Tilman and Wedin，1991；Oelmann et al.，2007；Fornara and Tilman，2008)。

建立在资源需求的时空分布上，这样功能群能影响生态系统过程(如资源使用与保持)，同时有不同的资源、过程与生态系统，因而按形态分类的功能群对生态系统营养循环有不同的影响(Hooper and Vitousek，1998；Vonfelten et al.，2009)。生产力、氮库及其在地上与地下的分布在各功能群之间都有所不同，且地上凋落物的数量与质量在各小区中不同，从而影响分解与氮流(Gulmon et al.，1983；Armstrong，1991；Hooper，1996；Wacker et al.，2009)。

在非农业系统中，Ewel 等(1991)发现，在植物组成与丰富度不同的热带森林中，不同的多样性演替系统有不同的基质营养库。在多样性系统中，减少营养损失速率的主要因子是通过当地的多年生或一年生作物来增加植物吸收，以及较高的基质有机质输入(Berish and Ewel，1988；Ewel et al.，1991；Fornara and Tilman，2008)。本章主要研究高氮供应的人工湿地中植物多样性对基质营养季节动态的影响，以探讨植物多样性是如何影响基质营养循环的。

4.1　材料与方法

4.1.1　研究样地与植物配置

同第2章的研究样地与植物配置。

4.1.2 四个季节的基质样品采集

于2008年4月(142个小区)、7月(147个小区)、10月(144个小区)与2009年1月(146个小区)，采集0～30 cm的沙基质(简称基质，下同)。1月：冬季，植物已全部收割；4月：春季，植物生长初期；7月：夏季，植物生长迅速期；10月：秋季，植物刚收割。

四个季节基质样品的采集方法是采用5点法取样混匀后带回实验室，过筛去掉基质样品中的根等，随后基质样放在实验室中自然风干。

4.1.3 四个季节的基质营养测定

四个季节基质样品在实验室中自然风干一周后，再用1mol·L^{-1} KCl溶液浸提其中的铵态氮与硝态氮，用0.5mol·L^{-1} $NaHCO_3$溶液浸提其中的可溶性磷酸盐，最后用流动分析仪(SAN plus，Skalar，the Netherlands)测定基质中的铵态氮、硝态氮与磷酸盐含量。所有基质的有机质含量采用《土壤农化分析》(第三版)中的“直接灼烧法”测定(鲍士旦，2008)。

4.1.4 统计分析

本研究的人工湿地中生物多样性实验控制了物种丰富度与功能群丰富度这2个变量。使用SPSS软件对数据进行统计分析，即利用一般线性模型(general linear model)对数据进行方差分析(One–way ANOVA)，分别按小区、有无豆科植物、有无C_3草本植物、有无C_4草本植物、有无阔叶草本植物、物种丰富度、功能群丰富度、物种组成、功能群组成来分析其效应(sequential fitter order)(基于type III平方和；SPSS 16.0，SPSS Inc，Chicago，IL，USA)。同时，差异显著性用Tukey检验，统计显著性α=0.05，且所有数据以均值±标准误(SE)表示。

4.2 结果与分析

4.2.1 基质无机氮的季节动态

1. 基质硝态氮的季节动态

基质硝态氮在季节间的变化值要比物种丰富度与功能群丰富度间的变化值大

(图 4.1、图 4.2)。其中,在夏季(2008 年 7 月)的基质硝态氮值最高(为 2.96 mg·kg^{-1} ±1.36 mg·kg^{-1}),冬季(2009 年 1 月)或春季(2008 年 4 月)的硝态氮较低(分别为 1.33±0.24 mg·kg^{-1},0.94±0.13 mg·kg^{-1}),而秋季(2008 年 10 月)的基质硝态氮值居中(2.39±0.46 mg·kg^{-1})。

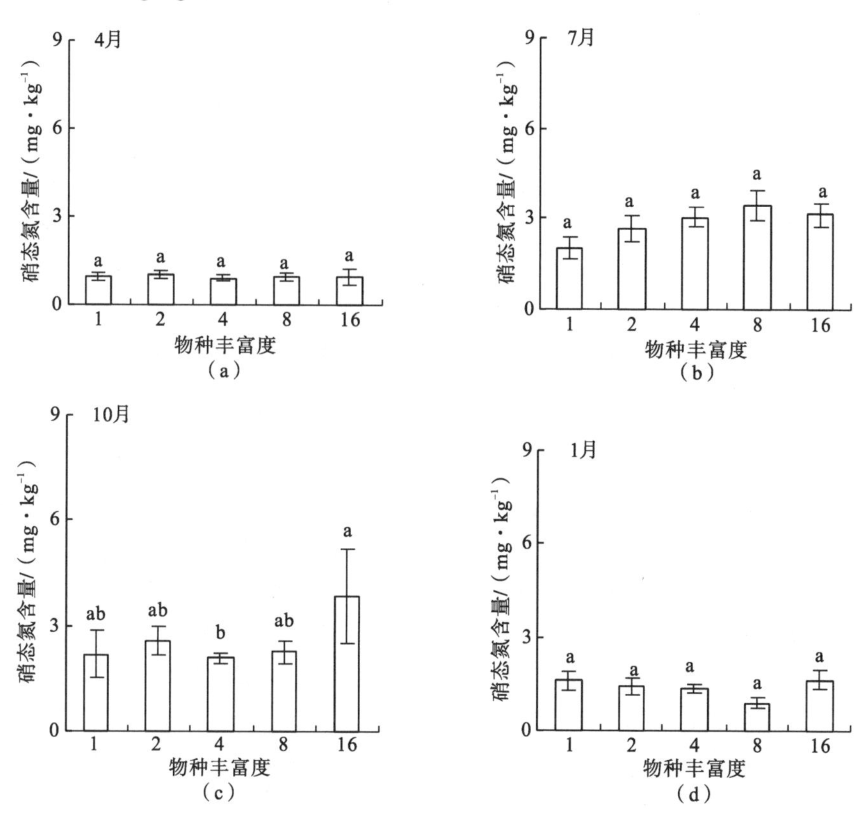

图 4.1　植物物种丰富度与基质硝态氮季节动态的关系

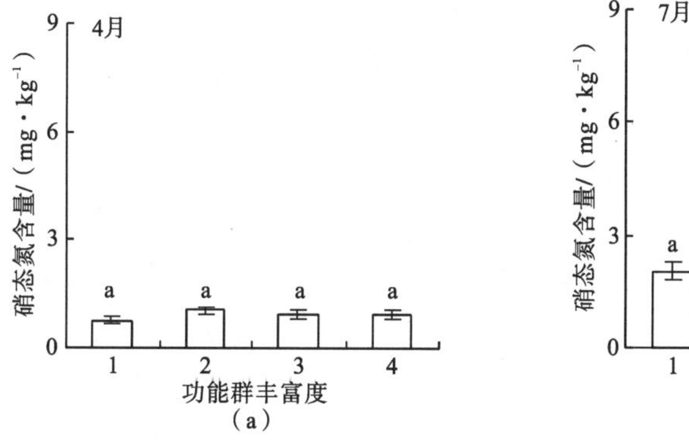

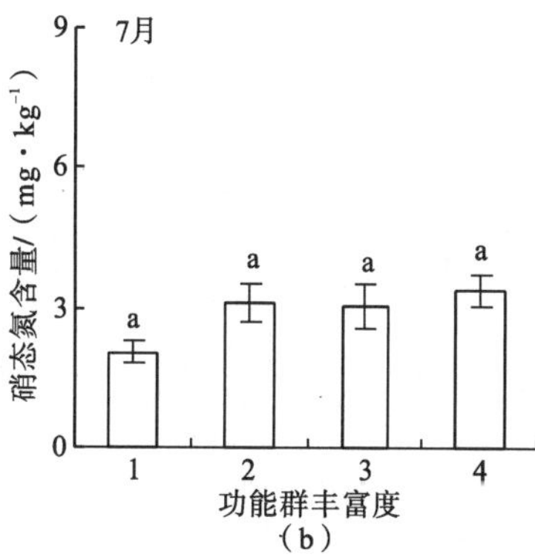

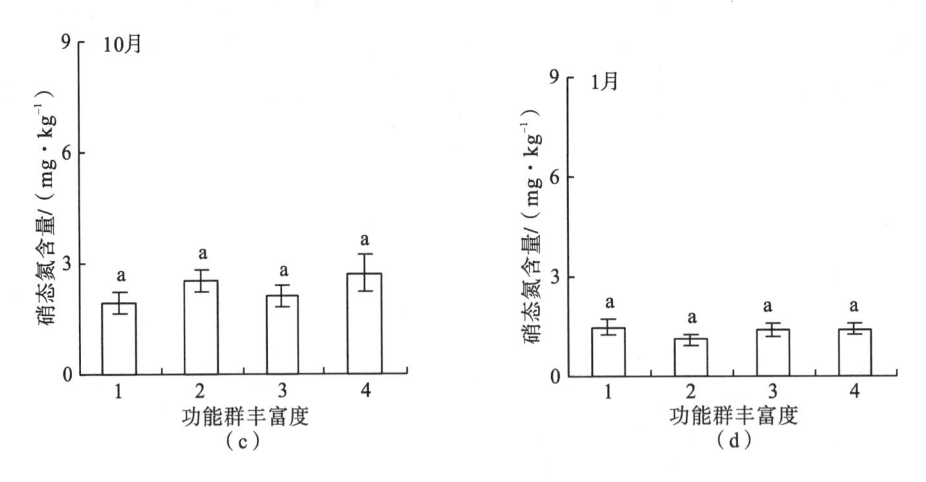

图 4.2　植物功能群丰富度与基质硝态氮季节动态的关系

2. 基质铵态氮的季节动态

基质铵态氮在季节间的变化值要比物种丰富度或功能群丰富度间的变化值都大(图 4.3、图 4.4)。其中，以在夏季(2008 年 7 月)的基质铵态氮值最高(4.68±1.43 $mg{\cdot}kg^{-1}$)，冬季(2009 年 1 月)或春季(2008 年 4 月)的铵态氮较低(分别为 1.88±0.26 $mg{\cdot}kg^{-1}$，1.80±0.24 $mg{\cdot}kg^{-1}$)，而秋季(2008 年 10 月)的基质铵态氮值居中(2.79±0.28 $mg{\cdot}kg^{-1}$)。总体上，铵态氮与硝态氮在无机氮库中所占比例为铵态氮(四个季节所有小区的平均值为 2.82±0.09 $mg{\cdot}kg^{-1}$)显著高于硝态氮(平均值为 1.94±0.08 $mg{\cdot}kg^{-1}$)。

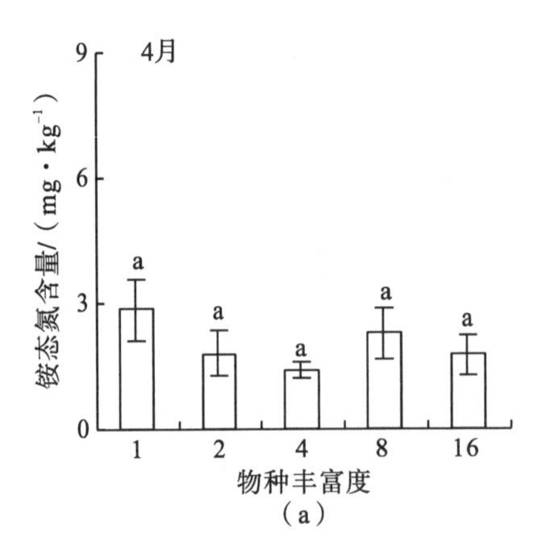

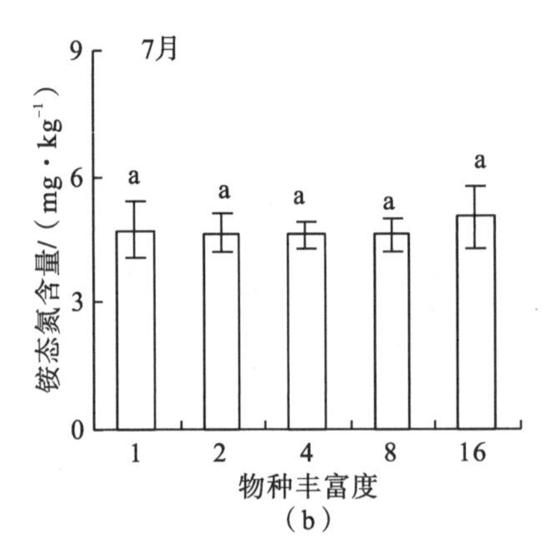

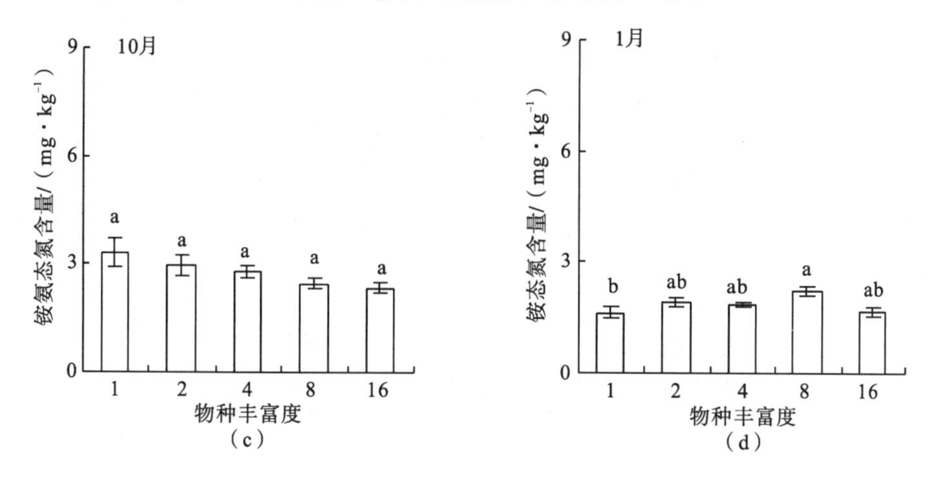

图 4.3　植物物种丰富度与基质铵态氮季节动态的关系

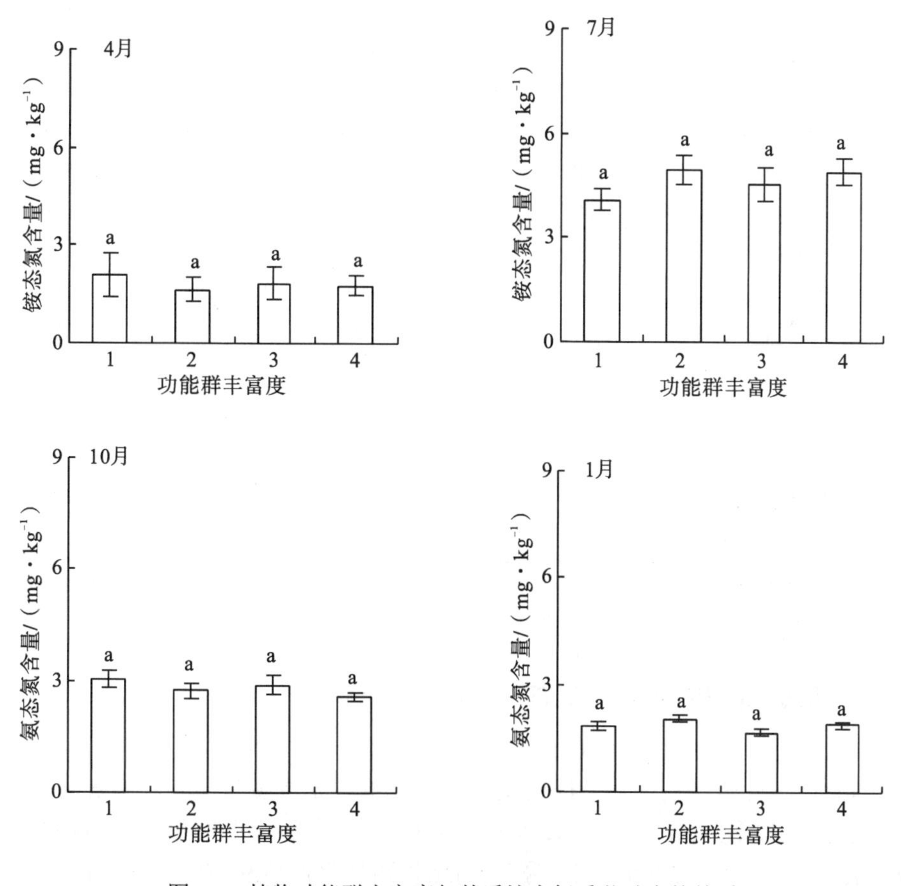

图 4.4　植物功能群丰富度与基质铵态氮季节动态的关系

基质无机氮季节动态的方差分析表明(表 4.1)：①物种组成对基质无机氮有极显著的影响；②物种丰富度上，只有在冬季(2009 年 1 月)物种丰富度与铵态氮呈显著相关，而在其他三个季节物种丰富度与铵态氮都不显著相关；③四个季节中物种丰富度与硝态氮都不显著相关；④四个季节中功能群丰富度上与基质无机氮(包括硝态氮与铵态氮)值都没有显著的相关性；⑤季节对无机氮有极显著影响。

表 4.1 基于 type Ⅲ 平方和，对植物多样性与基质硝态氮、铵态氮的关系进行方差分析(其中，*P*<0.05 时用粗体表示)

差异来源	df	基质硝态氮		基质铵态氮	
		MS	*F*	MS	*F*
Sr (Apr)	4	0.04	0.07	9.61	1.23
Fr (Apr)	3	0.62	1.21	1.73	0.22
组成(Apr)	140	0.95	**1.63*** **	1.85	**0.27*** **
Sr (Jul)	4	4.91	0.87	0.59	0.10
Fr (Jul)	3	11.68	2.12	5.74	0.97
组成(Jul)	145	2.96	**0.93*** **	4.68	**0.84*** **
Sr (Oct)	4	10.47	1.96	2.58	1.60
Fr (Oct)	3	4.78	0.87	1.59	0.97
组成(Oct)	142	2.39	**0.45*** **	2.78	**1.73*** **
Sr (Jan)	4	1.70	1.31	1.12	**2.72* **
Fr (Jan)	3	1.12	0.86	0.83	1.97
组成(Jan)	144	1.33	**0.92*** **	1.88	**4.02*** **
季节	3	81.00	**24.40 *** **	173.28	**43.33*** **
季节×物种丰富度	12	2.61	0.79	3.03	0.76
季节×功能群丰富度	9	1.98	0.60	2.59	0.65

注：Sr：species richness，物种丰富度；Fr：functional group richness，功能群丰富度；df：degrees of freedom，自由度；MS：mean squares，平均方差。* *P*<0.05；** *P*<0.01；*** *P*<0.001。下同。

4.2.2 基质磷酸盐的季节动态

基质可溶性磷酸盐在季节间的变化值要比物种丰富度与功能群丰富度间的变化值大(图 4.5，图 4.6)。其中，夏季(2008 年 7 月)的基质可溶性磷值最高(12.27±0.44 $mg \cdot kg^{-1}$)，秋季(2008 年 10 月)的可溶性磷值最低(7.93±0.31 $mg \cdot kg^{-1}$)，而在冬季(2009 年 1 月)或春季(2008 年 4 月)的基质可溶性磷值居中(分别为 10.23±0.61$mg \cdot kg^{-1}$，11.54±0.48 $mg \cdot kg^{-1}$)。

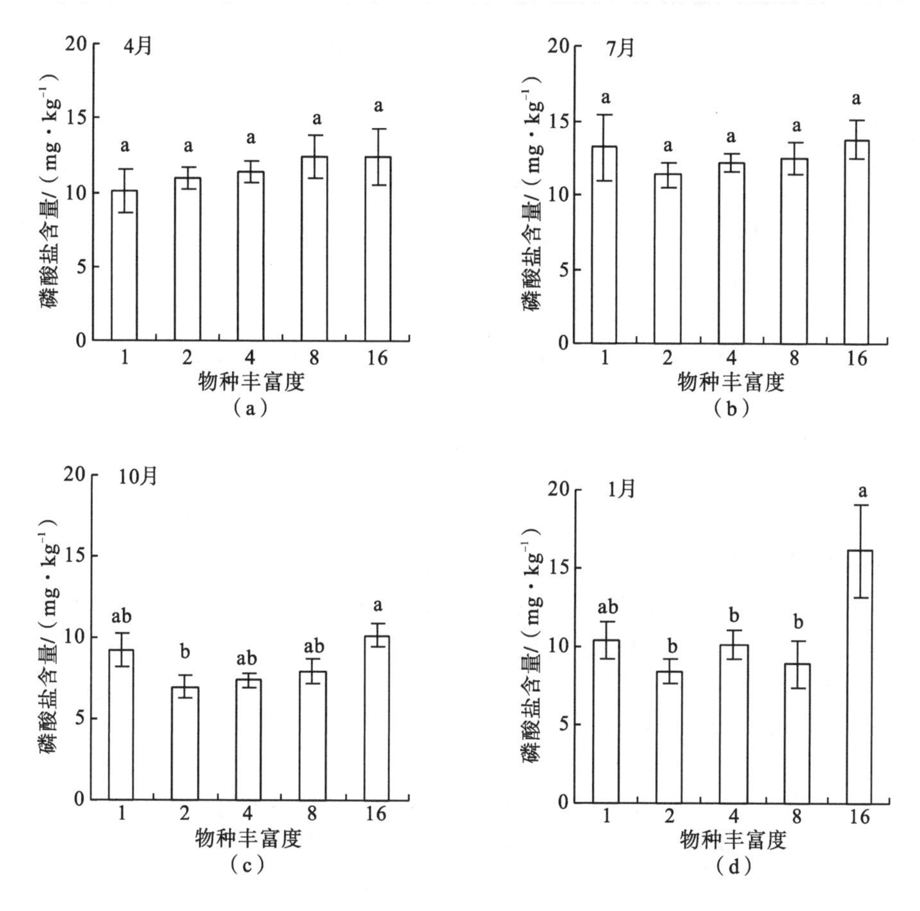

图 4.5　植物物种丰富度与基质磷酸盐季节动态的关系

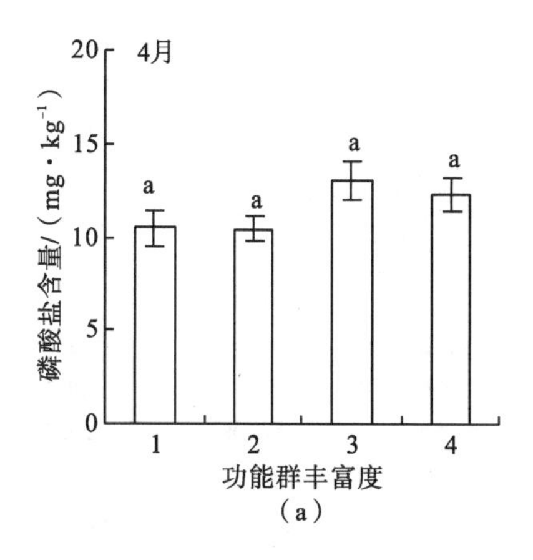

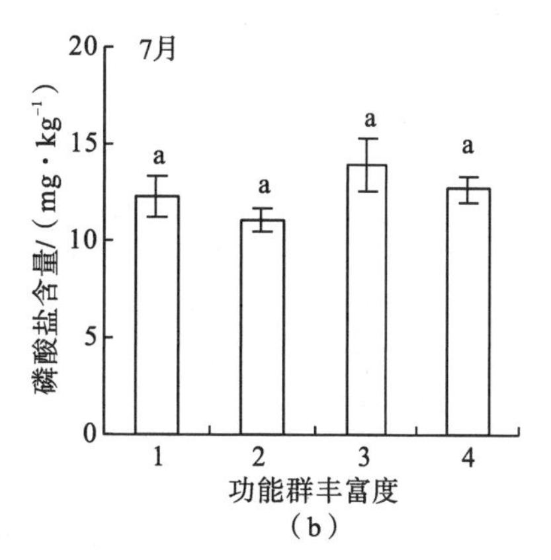

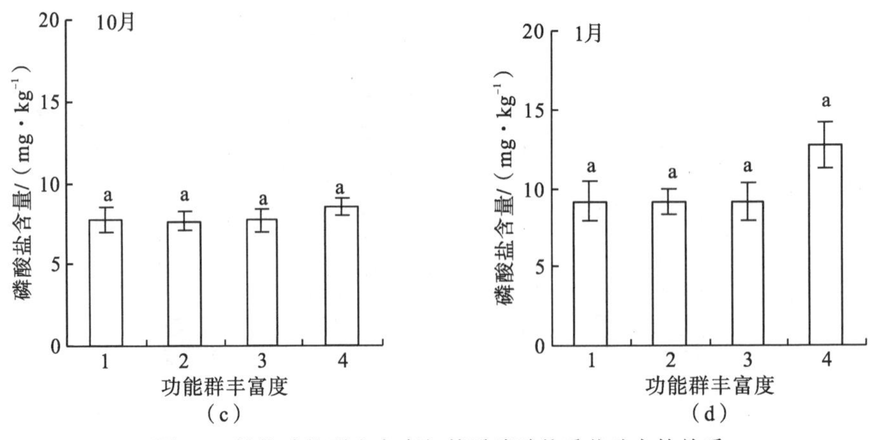

图 4.6 植物功能群丰富度与基质磷酸盐季节动态的关系

基质磷酸盐季节动态的方差分析表明(表 4.2):①物种组成对基质可溶性磷有极显著的影响;②物种丰富度上,秋季(2008 年 10 月)与冬季(2009 年 1 月)物种丰富度与可溶性磷呈显著相关,而在春季(2008 年 4 月)与夏季(2008 年 7 月)不相关;③功能群丰富度上,四个季节与基质可溶性磷值都没有显著的相关性;④季节对无机氮有极显著影响。

表 4.2 基于 type Ⅲ 平方和,对植物多样性与基质可溶性磷、有机质的关系进行方差分析(其中,P<0.05 时用粗体表示)

变异来源	df	基质可溶性磷		基质有机质	
		MS	F	MS	F
Sr (Apr)	4	19.19	0.57	55.65	2.56
Fr (Apr)	3	47.65	1.44	12.75	0.56
组成(Apr)	140	11.54	**0.38*** **	14.26	**0.64*** **
Sr (Jul)	4	18.19	0.62	1.03	0.21
Fr (Jul)	3	53.04	1.86	0.46	0.09
组成(Jul)	145	12.27	**0.45*** **	6.43	**1.25*** **
Sr (Oct)	4	28.95	**3.06***	20.95	1.37
Fr (Oct)	3	5.10	0.49	9.13	0.56
组成(Oct)	142	7.93	**0.72*** **	12.86	**0.75*** **
Sr (Jan)	4	153.89	**2.99***	138.81	**3.06***
Fr (Jan)	3	130.68	2.48	127.08	**2.75***
组成(Jan)	144	10.23	**0.21*** **	14.17	**0.29*** **
季节	3	365.76	**11.14*** **	1264.03	**52.89*** **
季节×物种丰富度	12	24.64	0.75	20.86	0.87
季节×功能群丰富度	9	30.73	0.94	9.26	0.39

4.2.3　基质有机质的季节动态

基质有机质在季节间的变化值要比物种丰富度与功能群丰富度间的变化值大(图 4.7，图 4.8)。其中，冬季(2009 年 1 月)与春季(2008 年 4 月)的基质有机质值较高(分别为 14.17±0.57 mg·kg^{-1}，14.26±0.40 mg·kg^{-1})，夏季(2008 年 7 月)的有机质值最低(6.43±0.18 mg·kg^{-1})，而秋季(2008 年 10 月)的基质有机质值居中(12.81±0.56 mg·kg^{-1})。

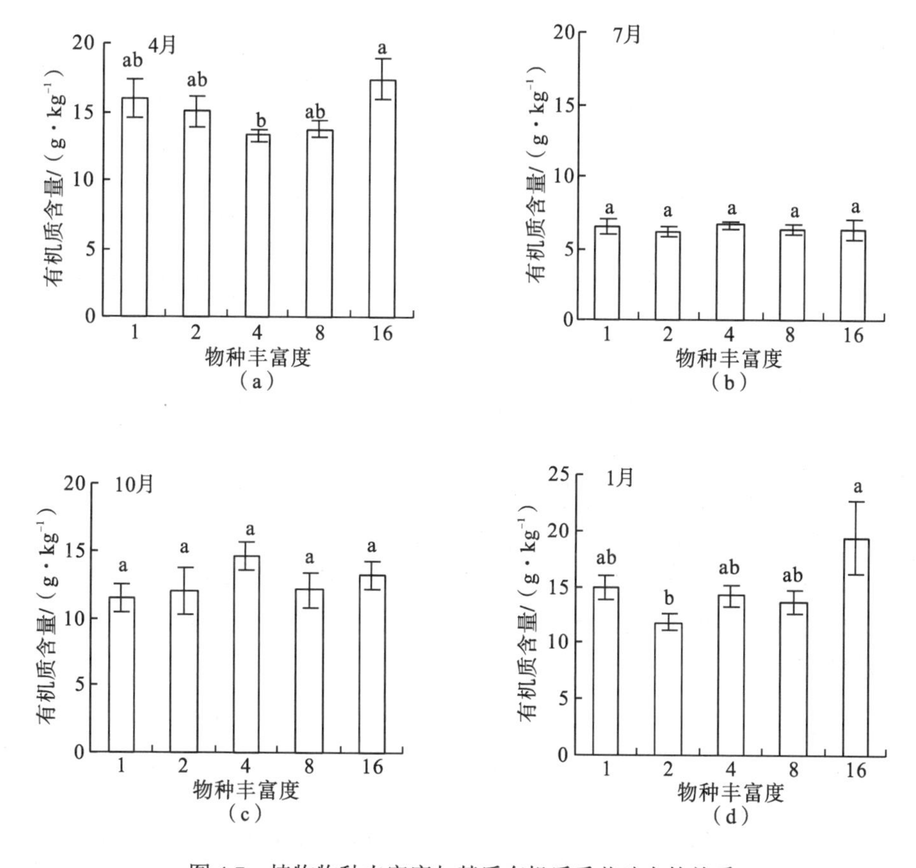

图 4.7　植物物种丰富度与基质有机质季节动态的关系

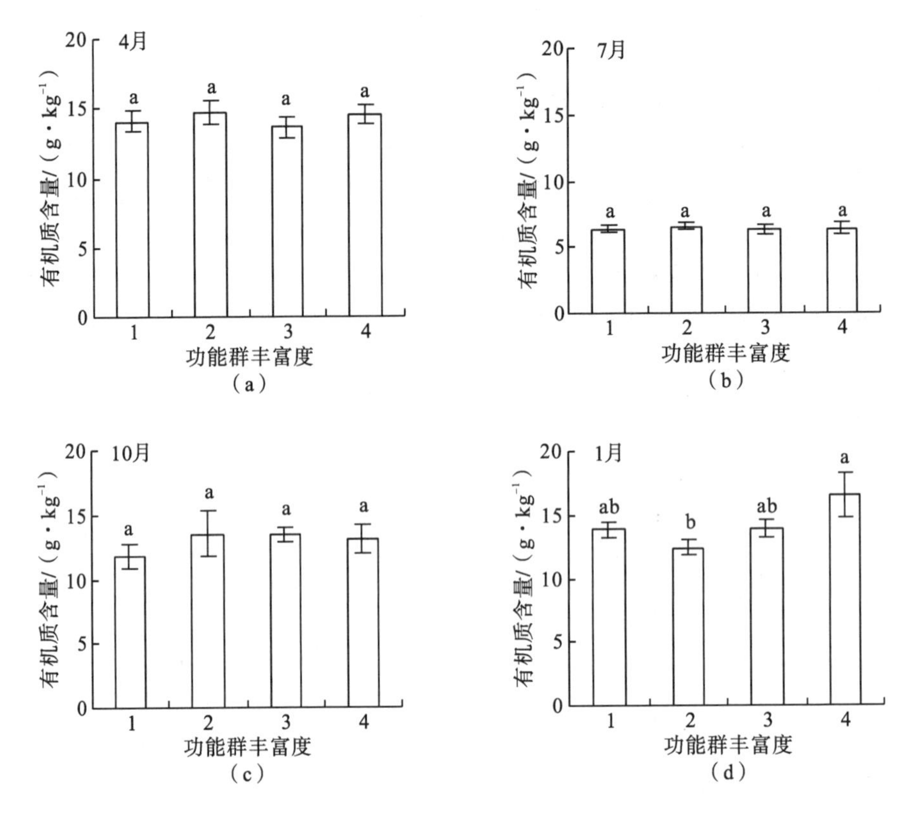

图 4.8 植物功能群丰富度与基质有机质季节动态的关系

基质有机质季节动态的方差分析表明(表 4.2)：①物种组成对基质有机质有极显著的影响；②物种丰富度上，春季(2008 年 4 月)与秋季(2008 年 10 月)物种丰富度与有机质呈显著相关，而夏季(2008 年 7 月)与冬季(2009 年 1 月)不相关；③功能群丰富度上，四个季节与基质有机质值都没有显著的相关性；④季节对无机氮有极显著影响。

4.3 讨 论

表 4.3 对植物多样性对基质营养季节动态的影响结果进行了汇总。

表 4.3 植物多样性与基质营养季节动态关系的汇总表

实验时间	植物多样性	基质硝态氮	基质铵态氮	基质可溶性磷	基质有机质
春季 (2008 年 4 月)	物种丰富度	–	+	–	–
	功能群丰富度	–	–	–	–

续表

实验时间	植物多样性	基质硝态氮	基质铵态氮	基质可溶性磷	基质有机质
	物种组成	+++	+++	+++	+++
	功能群组成	–	–	–	–
夏季（2008 年 7 月）	物种丰富度	–	–	–	–
	功能群丰富度	–	–	–	–
	物种组成	+++	+++	+++	+++
	功能群组成	–	–	–	–
秋季（2008 年 10 月）	物种丰富度	–	–	+	–
	功能群丰富度	–	–	–	–
	物种组成	+++	+++	+++	+++
	功能群组成	–	–	–	–
冬季（2009 年 1 月）	物种丰富度	–	–	+	–
	功能群丰富度	–	–	–	–
	物种组成	+++	+++	+++	+++
	功能群组成	–	–	–	–
季节		+++	+++	+++	+++

注：–. 无显著影响（$P>0.05$）；+. 显著影响（$P<0.05$）；+++. 极显著影响（$P<0.001$）。

4.3.1　植物多样性对基质无机氮季节动态的影响

基质无机氮在不同季节间发生变化的原因还不明确，由于无机氮的变化机制受到多重机制的影响而变得复杂，如基质结构、水的状况、根密度、根的硝态氮吸收动力学、微生物的硝态氮固持速率、硝化速率与反硝化速率都能影响基质硝态氮，其中的很多过程还可能会相互作用共同影响基质硝态氮（Hooper and Vitousek，1998；Niklaus et al.，2001；Fornara et al.，2009）。本书中基质无机氮在不同季节间的具体表现为：2008 年 7 月的基质无机氮值都最高，冬季（2009 年 1 月）或春季（2008 年 4 月）的无机氮都较低，而秋季（2008 年 10 月）的基质无机氮值居中。这表明基质无机氮的季节动态变化规律与植物生长的周期非常吻合，夏季（2008 年 7 月）为植物生长的迅速期，植物对无机氮的固持能力也非常强，而 1 月或 4 月是在冬季或是春季中，植物在生长初期，温度低，根区微生物活动较弱，从而植物根对无机氮的固持能力较弱（图 4.1～图 4.4）。

在所有季节中，物种组成对无机氮有极显著的影响（表 4.1，表 4.3），Ewel 等（1991）也报道过这种现象，即植物组成对营养动力的影响至少等同于多样性效应。同时，季节对无机氮都有极显著的影响（表 4.1，表 4.3），这表明植物多样性影响基质无机氮季节动态的原因主要是不同种植物的氮吸收在时空上存在差异性(Niklaus et al.，2001；Fornara et al.，2009)，即物种获得生长所需氮在时间(季节)、位置(根的深度和结构)或模式方面不同(元素化学形态，资源可获得浓度等)(Beare et al.，1995；Kennedy and Smith，1995；Zhang et al.，2010a、b)。

湿地中植物可以通过生物积累、有机颗粒与无机颗粒的相互作用、有氧根际的分泌作用来提高营养的去除效率(Brix，1994，1997；Calheiros et al.，2009)，本研究也表明植物多样性确实能影响人工湿地中硝态氮与铵态氮的去除效应，这个结果也支持 Keffala 和 Ghrabi (2005)的研究结果，而且主要是由于 2 种效应：①直接效应，即多样性根区通过释放分泌物产生影响，反过来又影响氮的吸收(Braskerud，2002)；②间接效应，即基质氧的可利用性，从而影响微生物活性与营养循环。同时，本研究的人工湿地中提供了间断脉冲式灌溉，可以让基质有一段时间是干旱状态，使人工湿地获得氧气。因此，蛋白质的矿化与氨的硝化作用得到促进(Keffala and Ghrabi，2005)；同时，由于不同季节的污水灌溉量有所不同，从而表现为不同季节植物多样性与基质无机氮的关系也有所不同(图 3.1～图 3.4，图 4.1～图 4.4，表 4.1，表 4.3)。

4.3.2 植物多样性对基质磷酸盐季节动态的影响

磷在自然陆地生态系统中是植物生长的主要限制营养之一(Vitousek and Howarth，1991；Koerselman and Meuleman，1996；Aerts and Chapin，2000)。磷酸盐离子在基质中是低移动性的，由于它们容易与基质中主要的阳离子(如 Al^{3+}、Fe^{3+}、Ca^{2+})形成难溶的化合物(Fitter，2005)，所以不同的植物物种丰富度能影响磷限制的生态系统中磷的分配过程。尽管本研究表明四个季节的植物丰富度对可溶性磷没有显著的影响(图 4.5，图 4.6，表 4.2)，但是物种组成与季节对基质可溶性磷有显著影响(表 4.2，表 4.3)，这与 Karanika 等(2007)的研究结果一致。Karanika 等(2007)研究表明：地上植物量与磷积累往往是随着物种丰富度的增加而增加的，而且物种丰富度是通过植物组成对营养可利用性产生影响的。

本研究中秋季(2008 年 10 月)的基质可溶性磷值最低，而在冬季(2009 年 1 月)或春季(2008 年 4 月)基质可溶性磷值居中(图 4.5，图 4.6，表 4.2)。在生长季开始后(早春)，大型植物对磷的吸收很高。然而，植物的吸收并不能长期去除湿地中的磷(Kadlec and Knight，1996)，而且植物体内的营养元素的转移随季节变化而改变。因为 10 月份的基质样品正好是植物刚收割以后采集的，这样植物收割能提高磷的去除(曹向东等，2000；Meuleman et al.，2003)；同时，植物生长在 9 月底达到高峰，所以植物生长对磷的需求最大，且植物开花结果也需要大量的磷，因而秋季(2008 年 10 月)的基质磷含量最低，同时也表明秋季是人工湿地除磷的最佳季节(Hunter et al.，2001；Silvan et al.，2004)。然而，在秋季衰老前，大多数磷酸根离子从茎转移到根部，然后这部分贮存的元素被用来供植物在早春生长(Dykyjová and Květ，1978)，因此植物在 1 月与 4 月(即冬季与春季)生长所需要的可溶性磷值得到了保障，这样 1 月与 4 月的基质可溶性磷值在四季中表现为居中。

4.3.3　植物多样性对基质有机质季节动态的影响

土壤有机质是湿地生态系统中极其重要的生态因子，它不仅是湿地植物有机营养和矿质营养的源泉，也是湿地土壤异养型微生物的能源物质，直接影响着湿地生态系统的生产力大小(William et al.，1986；白军红，2002；赵同谦等，2008)。赵同谦等(2008)研究发现：滨河湿地不同植物群落类型对基质有机质含量有显著的影响，正如本书中的结果，即物种组成对基质有机质有显著的影响(表 4.2，表 4.3)，尽管物种丰富度与功能群丰富度对有机质没有显著影响(图 3.7，图 3.8，表 4.2，表 4.3)。

本书的研究发现，夏季(2008 年 7 月)的有机质值最低，而在秋季(2008 年 10 月)基质有机质值居中，冬季(2009 年 1 月)的基质有机质值较高。夏季的有机质含量较低(图 3.7，图 3.8，表 4.3)，这可能是由于在高温下有机质分解较快，且夏季植物对有机质的吸收能力最强(桑伟莲和繁翔，1999)，从而表现出的季节动态趋势(即有机质在冬春季的值比夏季的高)与谢锦升等(2008)报道的一致。

进入夏、秋季，植物开始生长，随着各植物生育期的推移，湿地植物的净初级生产量也越来越高，但由于植物生长速度相对更快，使得基质中有机碳累积量并不逐渐增加，反而是春、冬季积累的有机碳被逐渐消耗，从而造成夏季(2008 年 7 月)和秋季(2008 年 10 月)的基质有机碳含量平均值较低，显著低于春、冬季。碳分配受到多种因素的影响，基质有机碳的累积随地上净生产力的增长而增长，但不存在线性关系(Coble and Marshall，2002)。然而，本实验结果正好表现为相反的趋势，即在夏、秋季植物生产力增长而基质有机碳含量并不随之增长。由此可见，植物生长对舟山人工湿地碳源具有重要的影响，且季节对有机碳含量也有非常重要的影响。

参 考 文 献

白军红，邓伟，张玉霞，等. 2002. 洪泛区天然湿地土壤有机质及氮素空间分布特征. 环境科学，23(2)：77-81.

鲍士旦. 2008. 土壤农化分析. 第三版. 北京：中国农业出版社.

曹向东，王宝贞，蓝云兰，等. 2000. 强化塘——人工湿地复合生态塘系统中氮和磷的去除规律. 环境科学研究，13(2)：15-19.

桑伟莲，孔繁翔. 1999. 植物修复研究进展. 环境科学进展，7(3)：40-44.

谢锦升，杨玉盛，杨智杰，等. 2008. 退化红壤植被恢复后土壤轻组有机质的季节动态. 应用生态学报，19(3)：557-563.

赵同谦，张华，徐华山，等. 2008. 黄河湿地孟津段不同植物群落类型土壤有机质含量变化特征研究. 地球科学进展，23(6)：638-643.

Aerts R，Chapin I I I F S. 2000. The mineral nutrition of wild plants revisted：a re-evaluation of processes and patterns. Adv. Ecol. Res.，30：1-67.

Armstrong J. 1991. Rainfall variation，life form and phenology in California serpentine grassland. Stanford：Stanford University.

Bazzaz E A. 1987. Experimental studies on the evolution of niche in successional plant populations//Gray A J，Crawley M J，Edwards P J. Colonization，Succession and Stability. Oxford：Blackwell Scientific.

Beare M H，Coleman D C，Crossley D A，et al. 1995. Hierarchical approach to evaluating the significance of soil biodiversity to biogeochemical cycling. Plant Soil.，170：5-22.

Berish C W，Ewel J J. 1988. Root development in simple and complex tropical ecosystems. Plant Soil，106：73-84.

Braskerud B C. 2002. Factors affecting nitrogen retention in small constructed wetlands treating agricultural non-point source pollution. Ecol. Eng.，18：351-370.

Brix H. 1997. Do macrophytes play a role in constructed treatment wetlands？Water Sci. Technol.，35(5)：11-17.

Calheiros C S C，Duque AF，Moura A，et al. 2009. Changes in the bacterial community structure in two-stage constructed wetlands with different plants for industrial wastewater treatment. Bioresour. Technol.，100：3228-3235.

Cardinale B J，Wright J P，Cadotte M W，et al. 2007. Impacts of plant diversity on biomass production increase through time due to species complementarity. PNAS，104：18123-18128.

Coble D，Marshall J. 2002. Aspect differences in above-and below-ground carbon allocation：a Montana case study. Environment Pollution，116：149-155.

Dybzinski R，Fargione J E，Zak D R，et al. 2008. Soil fertility increases with plant species diversity in a long-term biodiversity experiment. Oecologia，158：85-93.

Ewel J J，Mazzarino M J，Berish C W. 1991. Tropical soil fertility changes under monoculture and successional communities of different structure. Ecol. Appl.，1：289-302.

Fitter A H. 2005. Darkness visible：reflections on underground ecology. J. Ecol.，93：231-243.

Fornara D A，Tilman D，Hobbie S E. 2009. Linkages between plant functional composition，fine root processes and potential soil N mineralization rates. J. Ecol.，97：48-56.

Fornara D A，Tilman D. 2008. Plant functional composition influences rates of soil carbon and nitrogen accumulation. J. Ecol.，96：314-322.

Gulmon S L，Chiariello N R，Mooney H A，et al. 1983. Phenology and resource use in three co-occurring grassland annuals. Oecologia，58：33-42.

Hooper D U，Vitousek P M. 1998. Effects of plant composition and diversity on nutrient cycling. Ecol. Monogr.，68：121-149.

Hooper D U. 1996. The role of complementarity and competition in ecosystem responses to variation in plant diversity. Ecology，79(2)：704-719.

Hunter R G，Combs D L，George D B. 2001. Nitrogen，phosphorous，and organic carbon removal in simulated wetland treatment systems. Arch. Environ. Contam. Toxicol，41：274-281.

Kadlec R H，Knight R L. 1996. Treatment Wetlands. Florida：CRC Press.

Karanika E D，Alifragis D A，Mamolos A P，et al. 2007. Differentiation between responses of primary productivity and phosphorus exploitation to species richness. Plant Soil，297：69-81

Keffala C，Ghrabi A. 2005. Nitrogen and bacterial removal in constructed wetlands treating domestic waste water. Desalination，185：383-389.

Kennedy A C，Smith K L. 1995. Soil microbial diversity and the sustainability of agricultural soils. Plant Soil，170：78-86.

Koerselman W，Meuleman A F. 1996. The vegetation N：P ratio：a new tool to detect the nature of nutrients limitation. J. Appl. Ecol.，33：144-1450.

Meuleman A F M，van Logtestijn R，Rijs G B J. et al. 2003. Water and mass budgets of a vertical-flow constructed wetland used for wastewater treatment. Ecol. Eng.，20(1)：31-44.

Niklaus P A，Kandeler E，Leadley P W，et al. 2001. A link between plant diversity，elevated CO_2 and soil nitrate. Oecologia，127：540-548.

Oelmann Y，Wilcke W，Temperton V M，et al. 2007. Soil and plant nitrogen pools as related to plant diversity in an experimental grassland. Soil Sci. Soc. Am. J.，71：720-729.

Palmborg M，Scherer-Lorenzen M，Jumpponen A，et al. 2005. Inorganic soil nitrogen under grassland plant communities of different species composition and diversity. Oikos，110：271-282.

Silvan N，Vasander H，Laine J. 2004. Vegetation is the main factor in nutrient retention in a constructed wetland buffer. Plant Soil，258：179-187.

Tilman D，Wedin D. 1991. Plant traits and resource reduction for five grasses growing on a nitrogen gradient. Ecology，72：685-700.

Tilman D. 1988. Plant Strategies and the Dynamics and Function of Plant Communities. New Jersey：Princeton University Press.

Trenbath B R，1974. Biomass productivity of mixtures. Advances in Agronomy，26：177-210.

Vitousek P M，Howarth R W. 1991. Nitrogen limitation on land and in the sea：how can it occur？Biogeochemistry，13：87-115.

Vonfelten S，Hector A，Buchmann N，et al. 2009. Belowground nitrogen partitioning in experimental grassland plant communities of varying species richness. Ecology，90(5)：1389-1399.

Wacker L，Oksana B，Eichenberger-Glinz S，et al. 2009. Diversity effects in early- and mid-successional species pools along a nitrogen gradient. Ecology，90(3)：637-648.

William J M，Jarnes G G. 1986.Wetlands. New York：Van Nos trand Reinhold Company Inc.，89-125.

Zhang C B，Wang J，Liu W L，et al. 2010a. Effects of plant diversity on microbial biomass and community metabolic profiles in a full-scale constructed wetland. Ecol. Eng.，36(1)：62-68.

Zhang C B，Wang J，Liu W L，et al. 2010b. Effects of plant diversity on nutrient retention and enzyme activities in a full-scale constructed wetland. Bioresour. Technol.，101：1686-1692.

第5章　模拟人工湿地中铬胁迫对不同湿地植物生理生态与铬积累的影响

随着工业的快速发展，各种工业废弃物对环境造成了严重的影响，尤其含重金属(Cr、Pb、Cd、Ni 等)废水的排放，其对土壤、水体环境的污染较严重(陈颖等，2014)。重金属铬及其化合物被广泛应用到电镀、印染、制革、涂料等工业中(王谦等，2013)，在这些生产过程中可能会产生大量含铬废水。由于含铬废水排放到水体、土壤环境中不能独自进行分解，将会富集在水体、土壤中的生物体内，对生物体的结构造成破坏，以及通过食物链对人类健康造成威胁(吴敏兰等，2014)。在各种环境中主要以 Cr(VI)和 Cr(III)存在，毒性强弱与其价态有关，Cr(VI)的毒性要比 Cr (III)强 100 倍，且具有 “三致”效应(即致畸、致突变、致癌)(孟伟等，2006)。

生物多样性和生态系统功能(BEF)的关系研究是当前备受生态学界关注的重点问题(Midgley，2012；Tilman et al.，2012；Steudel et al.，2012)。迄今为止，有关生物多样性-生态系统功能的研究绝大部分是在温带草地上进行的，而且许多草地研究表明物种多样性能够提高生态系统功能(Palmborg et al.，2005；Tilman et al.，2006)。近年来有关于人工湿地中植物多样性对生态系统功能的影响研究，试图通过在人工湿地中配置植物多样性来提高这一生态系统的净化功能(Zhu et al.，2010，2012；Zhang et al.，2010；张培丽等，2012；徐希真等，2012)。因而，人工湿地已成为 BEF 关系研究中最新的实验系统，如 Zhu 等(2010，2012)、Zhang 等(2010)在浙江开展了大型人工湿地中 BEF 关系研究的野外实验，以及张培丽等(2012)、徐希真等(2012)开展了模拟人工湿地中的 BEF 实验等。

人工湿地系统广泛用于含铬废水处理(Liu et al.，2014；Sultanaa et al.，2015；伍清新等，2014)，其中铬为水中优先控制的污染物(WHO，1992)。同时，环境胁迫下 BEF 关系研究也成为现在 BEF 领域的发展趋势(Li et al.，2010)，如镉胁迫下 BEF 实验(Li et al.，2010)、环境胁迫下大型藻类 BEF 实验(Steudel et al.，2012)等。更为重要的是，在全球环境污染日益严重的今天，环境胁迫下 BEF 关系是如何响应与变化的已成为当前研究生态学的热点和难点(Midgley，2012；Tilman et al.，2012；Steudel et al.，2012；Li et al.，2010；Wang et al.，2010)，因此研究与探求环境胁迫下 BEF 关系的响应机制显得尤为重要与迫切。因而，本研究首次在人工湿地实验系统中研究铬胁迫下植物多样性对生态系统功能(如生产力、基质氮循环和铬净化效率)的影响，这不仅具有重要的理论意义——在人工湿地实验系统这种新生态系统类型上进行 BEF 关系的研究，为全面理解环境胁迫下 BEF 关系的作用机制奠定理论基础，而且具有实践意义——为环境污染(如铬污染)控制的生产实践提供技术支持。

因而，本书拟通过对不同浓度 Cr(VI)处理后不同湿地植物生理生态的响应机制，以及植物体内 Cr 积累、转运及其亚细胞分布特征的研究，以探索湿地植物在含铬废水人工湿地修复中应用的可行性，并为重金属铬污染的植物修复提供科学依据。

5.1 材料与方法

5.1.1 模拟人工湿地系统的构建

2013 年 4 月中旬，用 18 个长宽高为 70cm×33cm×28 cm(内径)的抗老化塑料水槽在贵州民族大学苗圃(106°39′E，26°28′N)日光温室内构建了小型模拟人工湿地系统，填充细沙作为栽培基质(基质高度约为 18 cm，且固液体积比为 9∶4)，系统容水量约为 17 L。其中，日光温室两层覆盖物里面一层为抗氧化的塑料薄膜，外面一层为遮阴布，既能防止自然降水干扰实验，又能防止夏天高温灼伤植物。

5.1.2 实验方法

2013 年 4 月底，选取活力和大小一致的湿地植物幼苗(从贵阳某园林公司购买，苗龄为 2 年生)，移植入基质中恢复正常生长后 15 天，以改进后的 Hoagland 营养液(Hoagland and Arnon，1950；Cao et al.，2001)浇灌，期间发现死亡的个体随时替换，最后确保每个水槽中存活的植物均为 8 株。待植物成活长势正常后，于 5 月中旬至 8 月下旬开展铬胁迫实验(日光温室内温度为 18～40℃)。营养液的加入频次为 15 天/次，含 Cr(VI)废水为 20 天/次，每个水槽的加入量均为 4L/次，同时每天不间断供应自来水，确保系统持续保持适宜的水量，以补充系统内的植物蒸腾和蒸发损失。用分析纯重铬酸钾试剂配置质量分数浓度分别为 0 $mg \cdot L^{-1}$、5 $mg \cdot L^{-1}$、10 $mg \cdot L^{-1}$、20 $mg \cdot L^{-1}$、40 $mg \cdot L^{-1}$、60 $mg \cdot L^{-1}$ 的含 Cr(VI)废水，对湿地植物进行胁迫培养［配置浓度的设置依据参考李志刚等(2010，2011)的研究］，每个浓度重复 3 次(即 3 个水槽)。

5.1.3　湿地植物生理生态指标的测定

2013年7月中旬，采集湿地植物叶片测定生理指标，其中，测定方法分别为：丙二醛(MDA)含量的测定用TAB比色法，脯氨酸(Pro)含量的测定用性茚三酮法，叶绿素含量的测定用丙酮法，还原型谷胱甘肽(GSH)含量的测定用EDTA-TAC提取法，超氧阴离子自由基的测定用羟胺法，过氧化氢酶(CAT)的测定用紫外吸收法，过氧化物酶(POD)的测定用愈创木酚比色法，超氧化物歧化酶(SOD)的测定用氮蓝四唑(NBT)光还原法，苯丙氨酸解氨酶(PAL)活性的测定用紫外分光法。以上测定方法均参照《植物生理学实验指导》(高俊凤，2012)。同时，利用LI-6400便携式光合测定仪测定叶片净光合速率(Pn)、气孔导度(Gs)、蒸腾速率(Tr)和胞间CO_2浓度(Ci)，以上每个指标进行3次重复。

5.1.4　湿地植物铬含量的测定

2013年8月下旬，收获植株，测定株高、根长后用剪刀将根、茎、叶分开，称量各部分鲜重。其中，取2.00 g鲜样用于亚细胞分级实验，其余样品在105 ℃下杀青0.5 h，70℃烘干至恒重，称重得到各器官的生物量，并计算单株生物量(即各器官生物量之和)。随后，把烘干样研成粉末以备铬含量测定之用。另外，植物收割时采集基质样品，阴干后采用HNO_3-$HClO_4$法消化，以备基质铬含量测定之用。

亚细胞组分的分离参照Rathore等(1972)、周卫等(1999)建立的亚细胞分级方法，将样品分为细胞壁、细胞器、胞液3个组分，用于铬含量测定。烘干植物样品粉碎过100目筛，称取2.00 g植物样混合加酸，低温加热消解，使用火焰石墨炉原子吸收光谱仪(美国瓦里安AA240)测定其中的铬含量。同时，经亚细胞组分分离的3个组分也采用同样方法消煮，以测定亚细胞各组分的铬含量。植物各部分、亚细胞组分与基质样品的铬含量测定时，用铬标准溶液(GSB G62017—90)(购于钢铁研究总院国家钢铁材料测试中心，批号为1305612)控制铬分析质量。

5.1.5　统计分析

耐性指数、富集系数、转运系数和单株地上(下)部铬含量的计算方法参考王爱云等(2012)、鲍士旦(2005)的方法，具体公式如下：

耐性指数(%)=重金属处理植物的总干重平均值/对照组植物的总干重平均值×100%；

富集系数=植物地上或地下部分铬含量/基质中铬含量；

转运系数=地上部分铬含量/根中铬含量；

单株地上(下)部铬积累量=单株地上(下)部铬浓度×单株地上(下)部干重。

数据采用 Microsoft Excel 2010 和 SPSS16.0 数据处理软件处理，统计显著性水平 α=0.05，所有数据表示形式为：均值±标准差。

5.2 结果与分析

5.2.1 铬胁迫对湿地植物生理生态的影响

5.2.1.1 铬胁迫对美人蕉生理生态的影响

1. 铬胁迫对美人蕉叶片叶绿素含量的影响

由表 5.1 可知，随着铬胁迫浓度的升高，美人蕉叶片的叶绿素 a、叶绿素 b 含量及总量呈现先升高后降低的趋势，然而与对照(铬质量浓度为 $0mg·L^{-1}$)相比显著增加。然而，叶绿素 a/b 是先下降后上升，与对照相比显著下降。铬胁迫浓度为 $5mg·L^{-1}$ 时，叶绿素 a、叶绿素 b 含量及总量与对照相比存在显著性差异($P<0.05$)，并分别为对照的 124.75%、129.73%和 126.81%。然而，铬胁迫浓度为 60 $mg·L^{-1}$ 时，叶绿素 a 的含量只为对照的 105.94%。同时，美人蕉的外部形态发生变化，部分生长比较矮小，少部分叶片出现萎缩、变黄等现象。

表 5.1 铬胁迫对美人蕉叶片叶绿素(a、b、a+b、a/b)含量的影响

Cr 处理 /($mg·L^{-1}$)	叶绿素 a /($mg·g^{-1}$ FW)	叶绿素 b /($mg·g^{-1}$ FW)	叶绿素(a+b) /($mg·g^{-1}$ FW)	叶绿素 a/b /(% FW)
0	1.01 ±0.01 c	0.37 ±0.01 c	1.38 ±0.01c	2.74 ±0.08a
5	1.26 ±0.02ab	0.48 ±0.01 bc	1.75 ±0.03b	2.62 ±0.03a
10	1.38 ±0.02a	0.91 ±0.13a	2.28 ±0.14a	1.54 ±0.23c
20	1.27 ±0.12ab	0.50 ±0.05 bc	1.77 ±0.16b	2.51 ±0.08a
40	1.21 ±0.00 b	0.65 ±0.05 b	1.86 ±0.06b	1.88 ±0.14bc
60	1.07 ±0.01 c	0.55 ±0.03 b	1.62 ±0.03bc	1.96 ±0.12b

注：表中的数据为平均数±标准误，其中的不同小写字母表示同列差异显著(P=0.05)。下同。

2. 铬胁迫对美人蕉叶片 MDA、Pro 、GSH 和超氧阴离子自由基含量的影响

MDA 含量随着铬胁迫浓度增加，其变化趋势呈现先增加后减少(表 5.2)。当铬胁迫浓度为 $20mg·L^{-1}$ 时，MDA 含量最高，并与其他胁迫浓度相比存在显著差

异。铬胁迫浓度达到 60mg·L^{-1} 时，美人蕉的 MDA 含量低于胁迫浓度，为 10mg·L^{-1} 的含量。Pro 含量变化趋势也是先增后降，但是不同浓度铬胁迫之间无显著差异。美人蕉叶片中的 GSH 含量呈现先增后降，低浓度时与对照相比 GSH 含量显著增加；铬胁迫浓度为 20mg·L^{-1} 时，其含量约为对照的 2.14 倍；铬胁迫浓度为 40 mg·L^{-1} 时 GSH 含量为对照的 165.78%。美人蕉叶片中超氧阴离子自由基含量在低浓度铬胁迫时显著下降，而在高浓度时有所增加(表 5.2)。

表 5.2　铬胁迫对美人蕉叶片 MDA、Pro 、GSH 和超氧阴离子含量的影响

Cr 处理 /(mg·L^{-1})	丙二醛(MDA) /(U·g^{-1}·h^{-1} FW)	脯氨酸(Pro) /(% FW)	谷胱甘肽(GSH) /(μg·g^{-1} FW)	超氧阴离子 (superoxide anion) /(μg·g^{-1} FW)
0	0.61 ±0.07c	0.05 ±0.21a	121.8±2.10c	26.76±0.58b
5	0.65 ±0.04c	0.07 ±0.05a	161.49±2.01d	22.62±1.39c
10	2.96 ±1.44b	0.08 ±0.03a	162.51±3.20b	18.29±3.75d
20	6.00 ±0.14a	0.10 ±0.03a	219.57±9.33a	25.92±2.97b
40	3.22 ±0.05b	0.04 ±0.22a	169.97±4.40b	26.75±0.19b
60	1.49 ±0.03bc	0.03 ±0.04a	102.53±8.38d	29.38±0.74a

3. 铬胁迫对美人蕉叶片 CAT、POD、SOD 和 PAL 活性的影响

从表 5.3 中可知，铬胁迫浓度为 40mg·L^{-1} 时，美人蕉叶片 SOD 活性与对照相比有显著差异。CAT 活性在铬胁迫浓度为 10mg·L^{-1} 和 20mg·L^{-1} 时，CAT 的活性较高，分别为对照的 111.20%和 115.82%。随着铬胁迫浓度升高到 40mg·L^{-1} 和 60mg·L^{-1}，美人蕉的 CAT 活性迅速下降。POD、PAL 活性均呈现出先升后降的趋势。在铬处理浓度为 10mg·L^{-1} 时，PAL 活性是对照的 3 倍左右。铬处理浓度为 60mg·L^{-1}，PAL 活性下降，为对照的 187.23%。

表 5.3　铬胁迫对美人蕉叶片 CAT、POD 、SOD、和 PAL 活性的影响

Cr 处理 /(mg·L^{-1})	超氧化物歧化酶(SOD) /(U·min^{-1}·g^{-1} FW)	过氧化氢酶(CAT) /(mg·H_2O_2·g^{-1}·min^{-1} FW)	过氧化物酶(POD) /(mg·g^{-1}·min^{-1} FW)	苯丙氨酸解氨酶(PAL) /(U·mg^{-1}·h^{-1} FW)
0	12.86 ±3.14c	76.73 ±27.77b	0.12 ±0.01d	1.41 ±0.30b
5	13.07 ±3.70c	69.55 ±59.75b	0.13 ±0.01d	1.59 ±0.58b
10	14.38 ±3.34b	85.32 ±19.39a	0.15 ±0.02d	4.33 ±0.67a
20	14.12 ±5.22b	88.87 ±2.10a	0.30±0.03a	1.01 ±0.60b
40	17.61 ±0.62a	41.53 ±8.19c	0.26 ±0.01b	1.27 ±0.24b
60	15.44 ±2.85b	41.79 ±16.92c	0.21 ±0.12c	0.18 ±0.07c

4. 铬胁迫对美人蕉光合作用的影响

由图 5.1 可知，美人蕉的 Pn 随着铬胁迫浓度呈现出先递增后降低的趋势。铬胁迫浓度分别为 5mg·L^{-1} 和 10mg·L^{-1} 时，美人蕉的 Pn 比对照高。随着铬胁迫浓度增大，Pn 增加，在 20mg·L^{-1} 时达到最大，随后呈下降趋势。美人蕉的 Gs 随着铬胁迫浓度的增大呈现先升高后下降的趋势，其变化的规律和 Pn 相似。

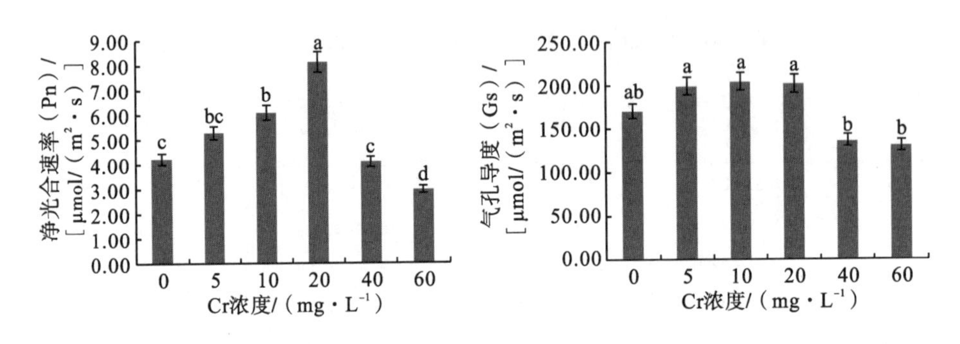

图 5.1 铬胁迫对美人蕉净光合速率、气孔导度的影响

叶片是植物进行光合作用的主要器官，许多有机物的合成都是在植物叶片中完成(张仁和等，2011)。当叶片温度过高时可以通过蒸腾作用降低叶温，避免高温灼伤植物的叶片。由图 5.2 可知，当铬浓度不高于 20mg·L^{-1} 时，美人蕉的 Tr 与对照相比无明显变化；铬浓度增大至 40 mg·L^{-1}、60mg·L^{-1} 时，Tr 呈显著下降趋势。植物 Ci 与植物所处的生境有关，尤其生境遭到逆境胁迫(温度、干旱、光、盐等)时，植物 Ci 可能不同(孙国荣等，2001)。在不同的铬胁迫下(小于 40mg·L^{-1})美人蕉的胞间 Ci 无差异显著。铬胁迫浓度为 40mg·L^{-1} 时，美人蕉叶片中的 Ci 最低，但当胁迫浓度为 60mg·L^{-1} 时 Ci 又上升。

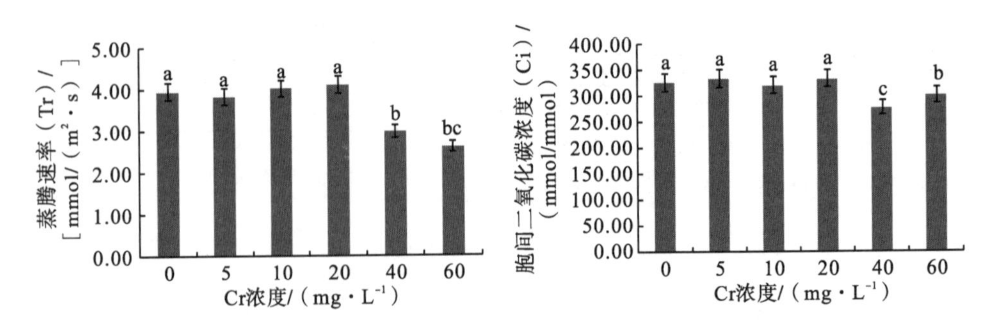

图 5.2 铬胁迫对美人蕉蒸腾速率、CO_2 浓度的影响

5.2.1.2　铬胁迫对菖蒲生理生态的影响

1. 铬胁迫对菖蒲叶绿素含量的影响

在水体中外源铬(Ⅵ)低(5mg·L^{-1}、10 mg·L^{-1}，下同)、中浓度(20 mg·L^{-1}，下同)处理下，菖蒲叶绿素含量有不同程度的增加(表 5.4)。其中，叶绿素 a 分别比对照增加了 3%、54.09%和 61.36%，叶绿素 b 则增加了 4.69%、41.31%和 89.67%；然而，高浓度(40mg·L^{-1}、60 mg·L^{-1}，下同)胁迫时菖蒲叶绿素含量显著下降，其中，叶绿素 a 分别下降了 15.96%、31.46%，叶绿素 b 分别下降了 5.48%、35.39%。另外，菖蒲叶绿素总量的变化趋势与叶绿素 a、叶绿素 b 含量相一致。然而，铬(Ⅵ)胁迫对菖蒲叶绿素 a/b 的影响不显著，这说明叶绿素 a、叶绿素 b 对铬(Ⅵ)胁迫的敏感程度相近。

表 5.4　铬(Ⅵ)胁迫对菖蒲叶绿素含量的影响

项目	Cr(Ⅵ)浓度/(mg·L^{-1})					
	0	5	10	20	40	60
叶绿素 a (mg·g^{-1} FW)	2.20±0.10^{b} (100)	2.27±0.06^{b} (103.18)	3.39±0.6^{a} (154.09)	3.55±0.08^{a} (161.36)	1.75±0.05^{c} (79.55)	1.37±0.01^{d} (62.27)
叶绿素 b (mg·g^{-1} FW)	2.13±0.11^{c} (100)	2.23±0.18^{c} (104.69)	3.01±0.20^{b} (141.31)	4.04±0.01^{a} (189.67)	1.79±0.22^{d} (84.04)	1.46±0.08^{e} (68.54)
叶绿素 a+b (mg·g^{-1} FW)	4.38±0.20^{c} (100)	4.50±0.11^{c} (102.74)	6.40±0.40^{b} (146.12)	7.59±0.06^{a} (173.29)	4.14±0.12^{d} (94.52)	2.83±0.04^{e} (64.61)
叶绿素 a/b	0.96	1.02	1.12	0.88	0.98	0.94

注：同行具有不同字母上标者为差异显著(P<0.05)；括号内数据为处理占对照的百分比(%)。下同。

2. 铬胁迫对菖蒲可溶性蛋白质、糖、脯氨酸、维生素 C 含量的影响

菖蒲叶片可溶性蛋白质含量随铬胁迫浓度的增加总体上呈显著上升趋势，各处理间总体上差异显著(P<0.05，图 5.3)，但在 5 mg·L^{-1} 胁迫时其含量相对于对照增加较快(增加量达到 240.40%)，其增加量大于 10mg·L^{-1}、20 mg·L^{-1} 时的增加量(57.60%和 96.80%)，而在高浓度时其增加量达到 433.60%、837.20%。随着铬胁迫浓度的增加，菖蒲叶片可溶性糖含量总体上呈下降趋势，同样在 5mg·L^{-1} 胁迫时有较大的增加量(57.52%)，而在其他浓度时有不同程度的下降，但下降幅度较小(依次为 8.85%、10.62%、23.89%和 20.35%)。菖蒲叶片脯氨酸含量随铬胁迫浓度的增加表现为先显著上升后降低的趋势，其中在 20 mg·L^{-1} 胁迫下脯氨酸含量达到最大值，为对照的 523.17%，而在最高浓度 60 mg·L^{-1} 时显著下降了 67.07%。就菖蒲叶片维生素 C 含量而言，随着铬胁迫浓度的增加维生素 C 含量显著下降，

但在 5 mg·L^{-1}、10 mg·L^{-1}、20 mg·L^{-1} 时下降幅度分别为 23.47%、25.97%和 36.77%，而在高浓度 40mg·L^{-1}、60mg·L^{-1} 时下降幅度较大，分别为 49.33%和 51.75%。

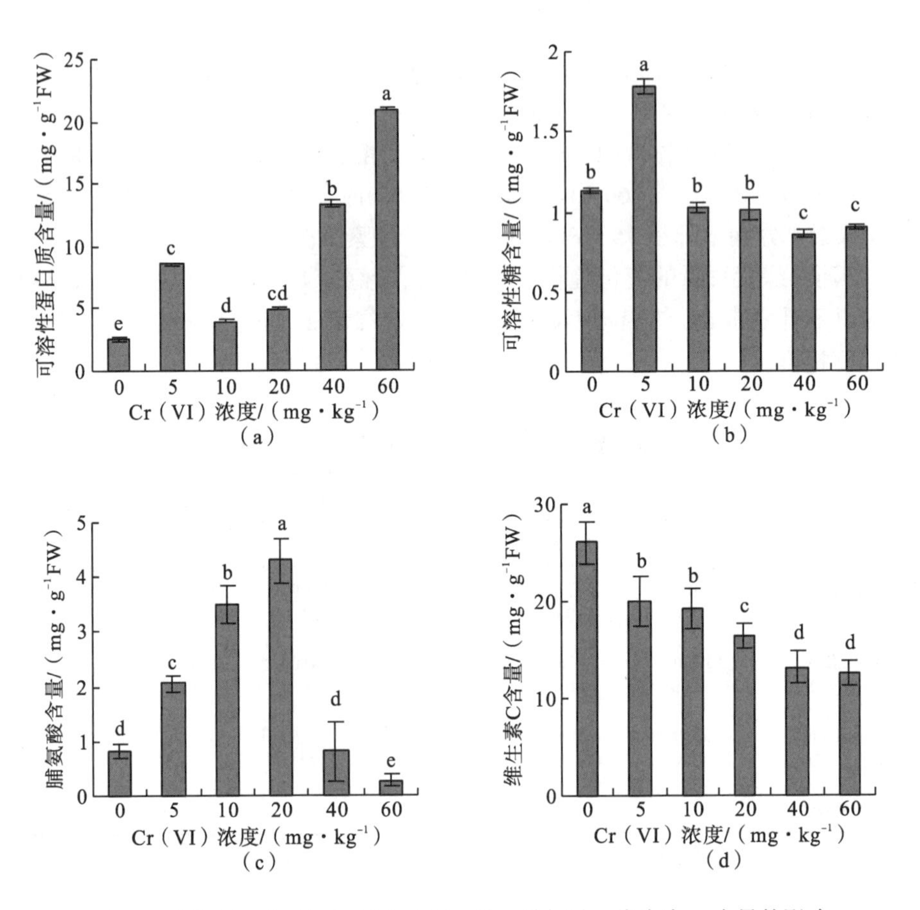

图 5.3 铬胁迫对菖蒲可溶性蛋白质、糖、脯氨酸、维生素 C 含量的影响

3. 铬胁迫对菖蒲根系活力、GSH、MDA、超氧阴离子自由基含量的影响

随着铬处理浓度的增加，菖蒲根系活力呈先增加后下降的趋势(图 5.4)，在 10 mg·L^{-1} 胁迫下活力达到最大(为对照的 222.35%)；在 20 mg·L^{-1} 胁迫下活力有所下降，但不显著(相对于对照仅下降了 14.12%)；在高浓度时分别下降了 34.12% 与 57.65%。同样，菖蒲叶片还原型 GSH 含量变化趋势与根系活力相似，但其最大值是在 20 mg·L^{-1} 时，为对照的 30 余倍，而在高浓度时 GSH 含量相对最大值则有所下降。MDA 含量变化趋势也表现为先增后降，其最大值也是在 20 mg·L^{-1} 时，为对照的 328.24%，在高浓度时 MDA 含量相对最大值也有所下降，但在 40mg·L^{-1}

和 60 mg·L^{-1} 时 MDA 含量差异不显著。另外，超氧阴离子自由基含量随铬胁迫浓度的增加呈先降后增的趋势，其最小值是在 20 mg·L^{-1} 时，为对照的 60.12%，在高浓度时自由基含量有所增加，相对于对照分别增加了 6.60%和 19.79%。

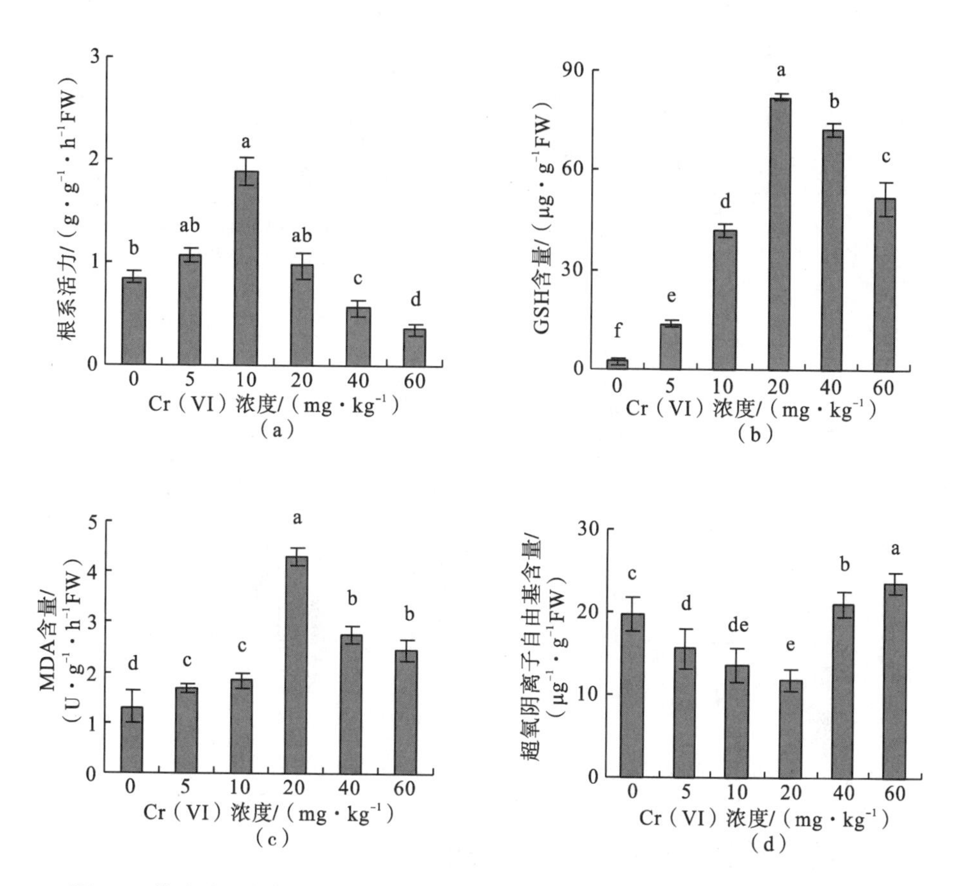

图 5.4　铬胁迫对菖蒲根系活力以及 GSH、MDA、超氧阴离子自由基的含量影响

4. 铬胁迫对菖蒲 SOD、POD、CAT 和 PAL 活性的影响

由图 5.5 可知，随着铬(VI)处理浓度的增加，菖蒲 SOD 与 PAL 活性均表现为先增后降的趋势，而 CAT 和 POD 活性均是显著增加的趋势。其中，SOD 与 PAL 活性在最高浓度时显著下降，而 POD 活性是显著上升的，相对于对照增加了 126.67%；同时，在高浓度时 CAT 活性是较大幅度的增加，相对于对照分别增加了 676.52%和 661.37%。

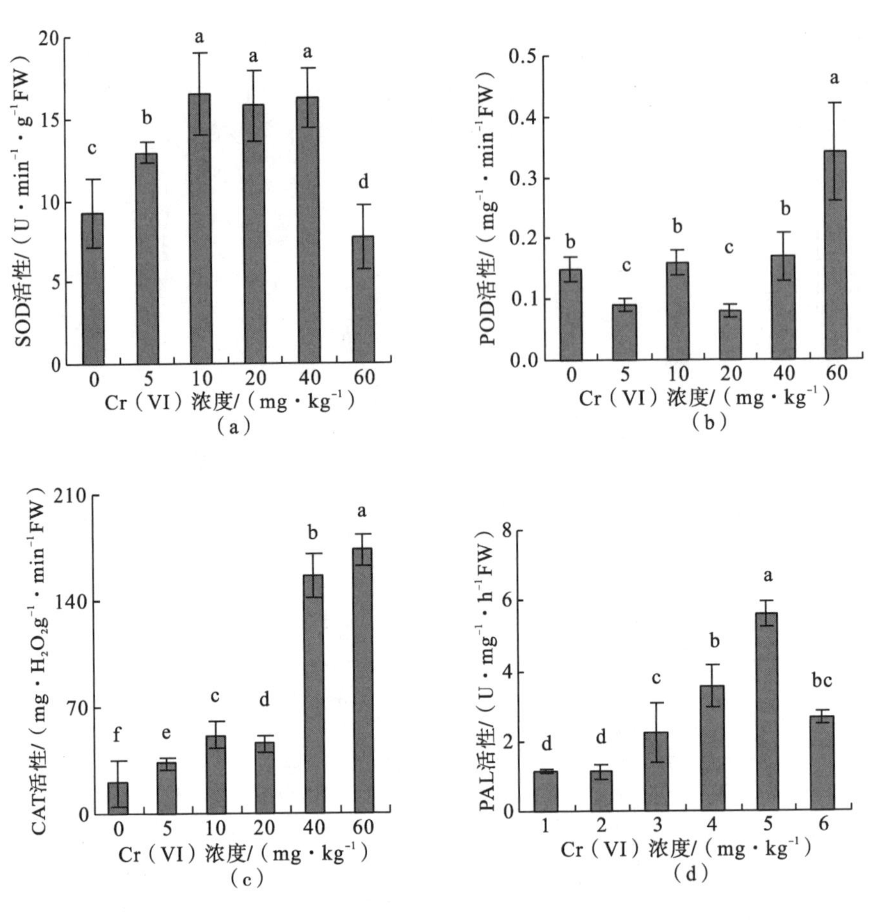

图 5.5 铬胁迫对菖蒲 SOD、POD、CAT 和 PAL 活性的影响

5.2.2 铬胁迫对湿地植物铬积累的影响

5.2.2.1 铬胁迫对菖蒲铬积累的影响

1. 铬胁迫对菖蒲生长的影响

随着水体中外源 Cr 浓度的增加，菖蒲株高相对于对照组没有显著下降，仅在 60 mg·L^{-1} 时株高显著下降了 43.85%($P<0.05$)，而在 10mg·L^{-1}、20 mg·L^{-1} 时分别升高了 18.87%、8.66%；根长在 5mg·L^{-1}、10mg·L^{-1}、20 mg·L^{-1} 时显著增加，而在 40mg·L^{-1}、60 mg·L^{-1} 时有所下降，但差异不显著(表 5.5)。同时，随着 Cr 浓度的增加，菖蒲的地上、下部干重和总干重均有不同程度的下降。其中，地上部干重在 5 mg·L^{-1}、10 mg·L^{-1} 时分别下降了 1.89%和 14.32%，而在 20mg·L^{-1}、40mg·L^{-1}、60 mg·L^{-1} 时分别下降了 41.35%、38.65%和 40.54%；同样，地下部干重在 5mg·L^{-1}、

10 mg·L^{-1}时分别下降了 12.22%和 23.72%，而在 20mg·L^{-1}、40mg·L^{-1}、60 mg·L^{-1}时分别下降了 52.55%、62.04%和 64.06%。另外，随着 Cr 浓度的增加，菖蒲根冠比、耐性指数均显著下降。

表 5.5 Cr 胁迫对菖蒲生长的影响①

项目	Cr(Ⅵ)浓度/(mg·L^{-1})					
	0	5	10	20	40	60
株高/cm	67.30±8.77^{c}	67.28±11.67^{c}	80.00±11.20^{a}	73.13±12.59^{b}	64.70±8.31^{d}	37.90±9.99^{e}
根长/cm	23.40±5.44^{cd}	34.25±8.04^{a}	28.25±3.95^{b}	25.90±6.20^{c}	23.35±3.52^{cd}	22.73±8.74^{d}
地上部干重/(g·株$^{-1}$)	3.70±1.41^{a}	3.63±0.32^{a}	3.17±0.83^{b}	2.17±1.59^{c}	2.27±0.76^{c}	2.20±0.70^{c}
地下部干重/(g·株$^{-1}$)	8.43±1.95^{a}	7.40±0.36^{b}	6.43±1.01^{c}	4.00±1.82^{c}	3.20±0.98^{d}	3.03±0.51^{d}
总干重/(g·株$^{-1}$)	12.13±3.25^{a}	11.03±0.97^{b}	9.60±1.29^{c}	6.17±1.80^{d}	5.47±1.65^{e}	5.23±0.74^{e}
根冠比	2.28±0.43^{a}	2.04±0.37^{b}	2.03±0.70^{b}	1.84±0.79^{c}	1.41±0.31^{d}	1.38±0.53^{d}
耐性指数/%	—	90.93	79.14	50.87	45.09	43.12

2. 铬在菖蒲叶片亚细胞分布

菖蒲生长在 Cr 胁迫下，其亚细胞组分中均含有一定量的铬，而且在 0mg·L^{-1}、5mg·L^{-1}、60 mg·L^{-1}处理时铬在细胞壁、叶绿体、线粒体中的分配比例没有显著差异，但在细胞质中的分配显著高于其他组分(表 5.6)，且在最高浓度时细胞质中 Cr 分配比例最大(为 49.30%)。然而，在 10mg·L^{-1}、20mg·L^{-1}、40 mg L^{-1}处理时铬在细胞壁中的分配显著高于其他组分，在细胞质、叶绿体、线粒体中的分配比例没有显著差异(表 5.6)。

表 5.6 Cr 胁迫对菖蒲叶片亚细胞 Cr 含量及其分配比例的影响

Cr 含量/(mg·kg^{-1})	Cr(Ⅵ)浓度/(mg·L^{-1})					
	0	5	10	20	40	60
细胞壁	0.25±0.03^{d} (25.00)	1.31±0.09^{c} (22.82)	3.34±0.59^{b} (33.07)	3.45±0.05^{b} (35.52)	3.59±0.03^{b} (32.09)	5.46±0.51^{a} (12.00)
叶绿体	0.24±0.06^{d} (24.00)	1.37±.014^{c} (23.87)	2.22±0.06^{b} (21.98)	1.82±0.19^{bc} (17.15)	2.38±0.13^{b} (21.29)	7.47±0.20^{a} (16.40)
线粒体	0.20±0.02^{d} (20.00)	1.21±0.29^{c} (21.08)	2.17±0.02^{b} (21.49)	2.41±0.19^{b} (22.71)	2.57±0.12^{b} (22.98)	10.15±0.09^{a} (22.30)
细胞质	0.31±0.07^{d} (31.00)	1.85±0.09^{c} (32.23)	2.38±0.14^{bc} (23.56)	2.93±0.21^{b} (27.62)	2.64±0.12^{b} (23.59)	22.44±0.60^{a} (49.30)
总量	1.00±0.05^{e} (100)	5.74±0.15^{d} (100)	10.10±0.80^{c} (100)	10.61±0.26^{bc} (100)	11.19±0.15^{b} (100)	45.51±0.80^{a} (100)

注：括号中的数据为 Cr 分配比例(%)。

3. 铬在菖蒲体内的积累和分布情况

随着水体中外源 Cr 浓度的增加，菖蒲地上和地下部分 Cr 积累量明显升高，且各处理间差异显著(P<0.05，表 5.7)。其中，地上部 Cr 浓度在 60 mg·L^{-1} 时增幅明显高于其他浓度胁迫；地下部 Cr 浓度在 40 mg·L^{-1}、60 mg·L^{-1} 时增幅也明显高于其他浓度胁迫，说明菖蒲对水体中铬具有较强的积累能力。然而，地上部富集系数在低浓度铬胁迫时较高(1.40～1.47)，而在较高浓度胁迫(40 mg·L^{-1}、60 mg·L^{-1})时仅为 0.45 左右；地下部富集系数在低、中浓度时较高(2.02～2.38)，而在较高浓度胁迫(40 mg·L^{-1}、60 mg·L^{-1})时分别为 1.56 与 1.13。

表 5.7 Cr 在菖蒲体内的积累和分布情况

项目	Cr(Ⅵ)浓度/(mg·L^{-1})					
	0	5	10	20	40	60
地上部 Cr 浓度/(mg·kg^{-1})	0.62±0.19^{e}	7.34±0.39^{d}	13.98±0.23^{c}	17.09±0.65^{b}	18.87±0.85^{b}	27.73±0.72^{a}
地下部 Cr 浓度/(mg·kg^{-1})	0.97±0.14^{f}	10.09±0.68^{e}	23.75±0.15^{d}	42.02±0.52^{d}	62.47±3.07^{b}	67.55±3.20^{a}
单株地上部 Cr 积累量/(μg·株$^{-1}$)	2.29±0.27^{e}	26.64±0.12^{d}	44.32±0.19^{ab}	37.09±1.03^{c}	42.83±0.65^{b}	61.01±0.50^{a}
单株地下部 Cr 积累量/(μg·株$^{-1}$)	8.18±0.27^{e}	74.67±0.24^{d}	152.71±0.15^{c}	168.08±0.95^{b}	199.90±3.0^{a}	204.68±1.63^{a}
转运系数	0.64	0.73	0.59	0.41	0.30	0.41
地上部富集系数	—	1.47	1.40	0.85	0.47	0.46
地下部富集系数	—	2.02	2.38	2.10	1.56	1.13

5.2.2.2 铬胁迫对再力花铬积累的影响

1. 铬胁迫对再力花生长的影响

由表 5.8 可知，低、中浓度(5mg·L^{-1}、10mg·L^{-1}、20 mg·L^{-1})Cr(Ⅵ)胁迫时再力花株高与对照组差异不显著，而在 40 mg·L^{-1} 时株高达到最大，而在最高浓度(60 mg·L^{-1})时显著低于对照。同样，根长在 40 mg·L^{-1} 时最大，在最高浓度时最小。Cr 胁迫下，再力花根、茎、叶生物量均是在 40 mg·L^{-1} 时最大。其中，叶生物量在其他浓度处理时与对照相比差异不显著，而茎、根生物量在 60 mg·L^{-1} 时有所下降，但与对照及其他处理浓度时的值差异不显著。不同 Cr 浓度处理下，再力花各器官生物量表现为：根＞茎＞叶。综上，本研究表明再力花在铬胁迫浓度为 40 mg·L^{-1} 时生长最好，这说明 40 mg·L^{-1} 铬处理可能是它的耐受限。

表 5.8　不同 Cr 浓度处理下再力花的生长指标

Cr 浓度 /($mg·L^{-1}$)	株高 /cm	根长 /cm	叶生物量 /($g·株^{-1}$ DW)	茎生物量 /($g·株^{-1}$ DW)	根生物量 /($g·株^{-1}$ DW)
0	105.18±2.97 ab	34.58±7.28 b	3.40±0.36 Cb	4.77±0.64 Bc	9.57±2.41 Ac
5	94.75±2.18 b	39.15±8.31 a	2.27±0.25 Cc	3.43±0.76 Bd	14.87±0.94 Ad
10	101.78±8.90 ab	32.60±9.71 b	3.20±0.20 Bb	4.97±1.06 Ac	14.47±1.02 Ad
20	100.58±8.44 ab	30.93±4.47 c	3.07±0.57 Cb	3.80±1.01 Bd	14.50±0.70 Ad
40	125.48±24.30 a	40.28±5.65 a	5.57±1.63 Ca	8.93±1.88 Ba	19.20±4.83 Aa
60	88.53±8.89 c	27.48±6.59 d	2.63±0.67 Cc	6.73±1.86 Bb	11.47±1.92 Ab

注：小写字母代表相同器官不同 Cr 浓度处理的显著性检验结果；大写字母代表相同 Cr 浓度处理，不同器官生物量的显著性检验结果。数据为平均值±标准误。后同。

2. 铬胁迫对再力花各器官中 Cr 含量和积累量的影响

由图 5.6 可知，不同 Cr(Ⅵ)浓度处理下，再力花根、茎、叶中 Cr 含量随着 Cr 胁迫浓度的增加均呈显著增加趋势。相同 Cr 浓度处理下，不同器官中 Cr 含量不同，总体上 Cr 含量表现为：根>茎>叶，且根显著高于其他两个器官(茎和叶)。在水体外源 Cr 添加量为 60$mg·L^{-1}$ 时，根、茎、叶中 Cr 含量最大值分别为 545.69$mg·kg^{-1}$ DW，47.92$mg·kg^{-1}$ DW 和 20.41 $mg·kg^{-1}$ DW。

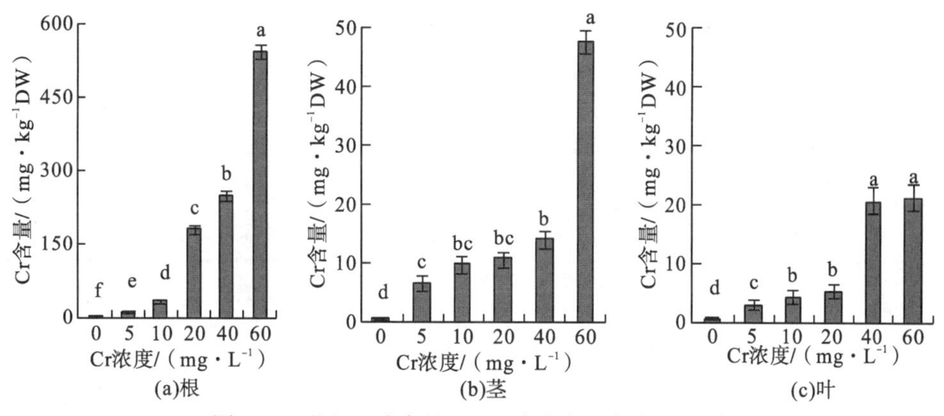

图 5.6　不同 Cr 浓度处理下再力花各器官中 Cr 含量

由图 5.7 可知，在 60 $mg·L^{-1}$时，再力花根中 Cr 积累量最高(6257.26 $μg·株^{-1}$ DW)，40 $mg·L^{-1}$时其次，均显著高于其他处理。茎中 Cr 积累量随着 Cr 处理浓度升高而显著增加，在 60 $mg·L^{-1}$ 时达到最大(322.67 $μg·株^{-1}$ DW)。就叶而言，在 40 $mg·L^{-1}$ 时 Cr 积累量最高(111.11 $μg·株^{-1}$ DW)，均显著高于其他处理。在不同 Cr

浓度处理下，再力花各器官中 Cr 积累量表现为：根>茎>叶。根中 Cr 积累量远远高于其他器官，且在各处理下 Cr 积累均差异显著，同时植株总积累量的趋势与根积累量的一致。

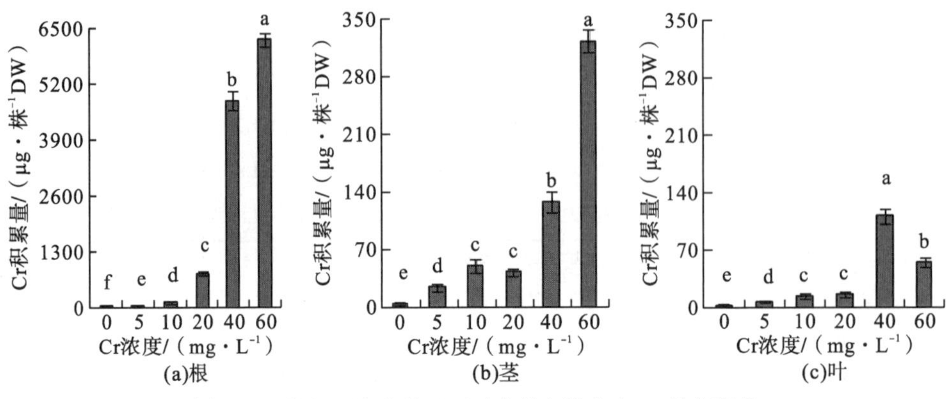

图 5.7 不同 Cr 浓度处理下再力花各器官中 Cr 的积累量

3. 铬胁迫对再力花耐性指数、转运系数、滞留率和富集系数的影响

随着Cr处理浓度的增加，再力花对铬的耐性指数呈显著上升趋势，但在40 mg·L^{-1}时达到最大然后有所下降，但在 60 mg·L^{-1} 时耐性指数仍显著高于其他处理的值(表 5.9)。转运系数在对照组和 5 mg·L^{-1} 浓度胁迫时较高(0.71 和 0.88)，40 mg·L^{-1} 时次之(0.42)，而其他处理下均很小(0.09～0.14)。根系滞留率随着 Cr 胁迫浓度的增加总体上呈上升的趋势，且 20 mg·L^{-1}、40 mg·L^{-1}、60 mg·L^{-1} 时的滞留率(均为 90%左右)显著高于其他处理的值(12%～58%)。植物地上部分(叶、茎)的富集系数随着 Cr 胁迫浓度的增加总体上呈下降的趋势，叶、茎富集系数分别在 0.58～3.05、1.38～2.29。

表 5.9 不同 Cr 浓度处理下再力花的耐性指数、转运系数、根系滞留率和富集系数

Cr 浓度 /(mg·L^{-1})	耐性指数 /%	转运系数	根系滞留率 /%	叶富集系数	茎富集系数
0	—	0.71	28.66	—	—
5	59.62	0.88	11.58	3.05	2.29
10	71.24	0.42	58.39	2.02	1.86
20	64.13	0.09	91.25	1.60	1.94
40	190.07	0.14	86.43	0.57	1.38
60	117.48	0.13	87.48	0.58	1.58

4. 铬胁迫对再力花亚细胞组分中 Cr 含量及其分布的影响

从再力花叶中 Cr(Ⅵ)的分布比例来看，Cr 大部分存在于细胞壁(30.00%～

48.07%)、胞液(34.25%～40.83%)中，少量分布在细胞器中(17.67%～29.17%)，总趋势为：细胞壁>胞液>细胞器(表 5.10)。然而，茎中 Cr 大部分存在于细胞器中(51.97%～61.19%)，在细胞壁和胞液中较少(12.11%～25.73%，19.34%～26.51%)(表 5.10)。就根而言，Cr 大部分存在于细胞壁(42.39%～51.79%)、胞液(31.96～33.98%)中，少量分布在细胞器中(15.02%～25.66%)，总趋势也表现为：细胞壁>胞液>细胞器(表 5.10)。总体上，各亚细胞组分中 Cr 含量随着 Cr 处理浓度的增加而升高。另外，就 Cr 在细胞中总量而言，表现为：根>茎>叶。这与图 5.6 的结果相一致。

表 5.10　不同 Cr 浓度处理下再力花各亚细胞组分中的 Cr 含量($mg\cdot kg^{-1}$ FW)及其分配比例(%)

各器官亚细胞组分		Cr 浓度/($mg\cdot L^{-1}$)				
		5	10	20	40	60
叶	细胞壁	0.40±0.02^{de} (47.62)	0.36±0.03^{e} (30.00)	0.49±0.12^{c} (40.16)	0.87±0.06^{a} (48.07)	0.70±0.06^{b} (34.90)
	细胞器	0.15±0.03^{d} (17.85)	0.35±0.05^{b} (29.17)	0.25±0.03^{c} (20.50)	0.32±0.05^{b} (17.67)	0.48±0.05^{a} (25.00)
	胞液	0.29±0.05^{d} (34.52)	0.49±0.01^{c} (40.83)	0.48±0.06^{c} (39.34)	0.62±0.02^{b} (34.25)	0.77±0.01^{a} (40.10)
	总量	0.84±0.13^{c} (100)	1.20±0.15^{b} (100)	1.22±0.23^{b} (100)	1.81±0.17^{a} (100)	1.92±0.16^{a} (100)
茎	细胞壁	0.28±0.02^{d} (16.21)	0.65±0.13^{c} (23.51)	0.93±0.15^{b} (27.78)	0.32±0.04^{d} (12.11)	1.19±0.11^{a} (25.73)
	细胞器	1.03±0.23^{c} (59.31)	1.57±0.02^{b} (57.06)	1.74±0.05^{b} (51.97)	1.61±0.08^{b} (61.19)	2.53±0.02^{a} (54.63)
	胞液	0.43±0.18^{d} (24.54)	0.53±0.02^{c} (19.34)	0.68±0.02^{b} (20.26)	0.70±0.07^{b} (26.51)	0.91±0.07^{a} (19.55)
	总量	1.74±0.19^{c} (100)	2.75±0.08^{b} (100)	3.35±0.06^{bc} (100)	2.63±0.19^{b} (100)	4.64±0.26^{a} (100)
根	细胞壁	3.13±0.25^{d} (43.31)	7.41±0.30^{c} (49.96)	7.11±0.14^{c} (42.39)	18.34±0.22^{b} (48.41)	117.77±2.20^{a} (51.79)
	细胞器	1.67±0.05^{e} (23.17)	2.48±0.04^{d} (16.69)	4.30±0.01^{c} (25.66)	6.67±0.62^{b} (17.61)	34.17±0.19^{a} (15.02)
	胞液	2.42±0.21^{d} (33.49)	4.95±0.02^{c} (33.38)	5.36±0.02^{c} (31.96)	12.87±0.07^{b} (33.98)	75.48±1.27^{a} (33.19)
	总量	7.22±1.95^{d} (100)	14.84±0.15^{c} (100)	16.77±0.07^{c} (100)	37.88±0.57^{b} (100)	227.41±2.65^{a} (100)

5.2.2.3 铬胁迫对茭白铬积累的影响

1. 铬胁迫下茭白的生长状况

由表 5.11 可知，茭白株高在 Cr(Ⅵ)胁迫处理下，比对照组略有下降，但总体上差异不显著；根长在铬胁迫下也有所下降，其中在高浓度($40mg·L^{-1}$、$60 mg·L^{-1}$)胁迫时显著低于其他处理；Cr 胁迫下，茭白根、茎、叶生物量均是在 $20mg·L^{-1}$ 时最大，在高浓度胁迫时各器官生物量显著下降；同时，相同 Cr 浓度处理下，茭白各器官生物量均表现为：根＞叶＞茎。可见，铬胁迫对茭白的株高影响不显著，但在高浓度胁迫时，根长、各器官生物量均显著降低，且在 $20 mg·L^{-1}$ 时达最大，说明低浓度铬胁迫对茭白生长有一定程度的促进作用，在 $20 mg·L^{-1}$ 时促进作用最为明显，但在高浓度铬胁迫时显著抑制茭白生长。

表 5.11 不同 Cr 浓度处理时茭白的生长指标

Cr 浓度 /($mg·L^{-1}$)	株高/cm	根长/cm	叶生物量 /($g·株^{-1}$ DW)	茎生物量 /($g·株^{-1}$ DW)	根生物量 /($g·株^{-1}$ DW)
0	121.20±10.86 a	75.00±24.22 a	2.17±0.51 Bb	1.27±0.35 Cab	7.20±259 Ab
5	113.98±13.30 b	56.88±15.14 b	1.87±0.91 Bc	0.87±039 Cc	5.10±0.78 Ae
10	118.25±7.91 ab	55.00±10.75 b	2.53±0.35 Bab	1.17±0.15 Cb	4.53±1.21 Ac
20	117.23±26.38 ab	54.45±1414 b	2.87±0.47 Ba	1.47±0.70 Ca	14.20±5.70 Aa
40	109.38±26.38 c	36.65±6.91 d	2.50±0.57 Bd	1.17±0.46 Cc	3.70±1.48 Ad
60	117.50±12.00 ab	44.30±9.25 c	1.30±0.87 Bab	0.70±0.72 Cb	2.55±0.99 Ac

2. 铬在茭白不同器官中的含量与积累量

由图 5.8 可知，不同 Cr(Ⅵ)胁迫浓度处理下，茭白根、叶中的 Cr 含量在 $5mg·L^{-1}$、$40 mg·L^{-1}$ 时均显著高于其他处理，分别为 $156.52mg·kg^{-1}$ DW、$117.72mg·kg^{-1}$ DW 和 $35.99mg·kg^{-1}$ DW、$47.29 mg·kg^{-1}$ DW。随着添加 Cr 浓度的增加，茭白茎中 Cr 含量呈显著下降趋势。相同 Cr 胁迫浓度下，不同器官中 Cr 含量不同，总体上 Cr 含量表现为：茎＞根＞叶。铬在茭白茎中的含量显著高于根、叶。在水体外源 Cr 添加量为 $5mg·L^{-1}$ 时，根、茎中 Cr 含量最大，其中茎中 Cr 含量最大值为 $319.21 mg·kg^{-1}$ DW；Cr 添加量为 $40 mg·L^{-1}$ 时，叶中 Cr 含量最大。

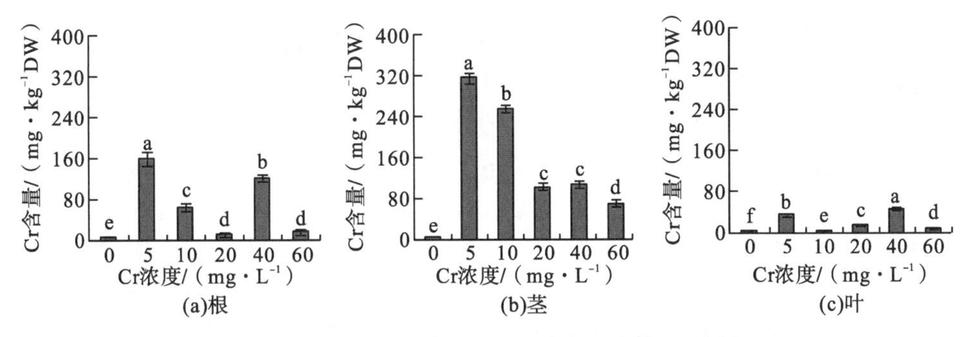

图 5.8　不同 Cr 浓度处理下茭白各器官中 Cr 含量

由图 5.9 可知，在 5mg·L^{-1}、40 mg·L^{-1}时，茭白根中 Cr 积累量显著高于其他处理，分别为 399.13μg·株$^{-1}$DW、6257.26 μg·株$^{-1}$DW；茎中 Cr 积累量随着 Cr 处理浓度升高而显著下降，其中在 5mg·L^{-1}、10 mg·L^{-1}时 Cr 积累量较大，分别为 276.65μg·株$^{-1}$DW、301.43 μg·株$^{-1}$DW；就叶而言，在 5mg·L^{-1}、40 mg·L^{-1}时 Cr 积累量显著高于其他处理，分别为 67.18μg·株$^{-1}$DW、61.47 μg·株$^{-1}$DW。在相同 Cr 浓度处理下，茭白各器官中的 Cr 积累量表现为：根＞茎＞叶。可见，尽管铬在茭白茎中的含量高于根中的，但根生物量显著高于茎生物量，最终茭白各器官中的 Cr 积累量表现为：根＞茎＞叶。这可能是由于茎中较高的铬离子抑制了茎的生长，其生物量也变小，这样根部较高的铬积累量有利于减轻过量铬对茎叶器官的毒害作用。

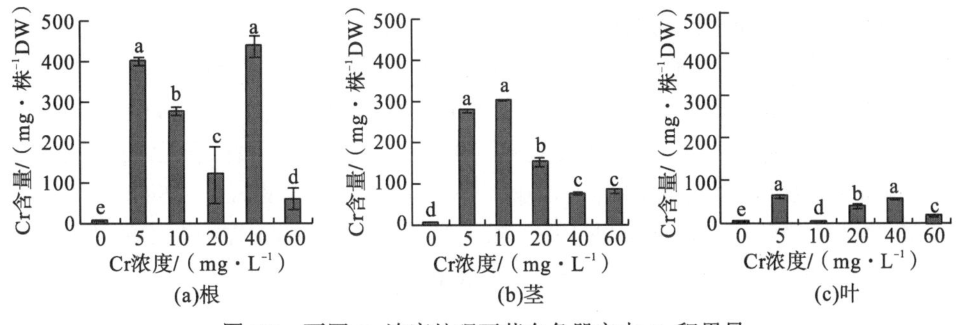

图 5.9　不同 Cr 浓度处理下茭白各器官中 Cr 积累量

3. 铬胁迫下茭白的耐性指数和转运系数

植物根系是最先接触重金属的部位，对重金属敏感植物在重金属胁迫时根系生长会受到抑制，而对耐性植物则没有影响或影响较小，因而根系耐性指数是衡量植物体对重金属耐性大小的重要指标之一(王爱云等，2012)。由表 5.12 可知，随着 Cr(Ⅵ)处理浓度的增加，茭白对铬的耐性指数是先增加后降低的，在 20 mg·L^{-1}时达到最大，为 167.42%，显著高于其他处理的耐性指数(47.73%～79.19%)。转运系数是反映植物不同部位间重金属运移能力大小的指标，转运系数越大说明植物从地下部分向地上部分运移重金属的能力越强(任珺等，2009)。转运系数>1时，说明该植物对该重金属主要富集在地上部分，转运系数越大表明植物地上部分重金属的富集量越大。在对照组和 40 $mg·L^{-1}$ 浓度胁迫时茭白对铬的转运系数最低，分别为 0.96 和 0.66；5$mg·L^{-1}$、10$mg·L^{-1}$、20 $mg·L^{-1}$(低、中铬胁迫浓度)和 60 $mg·L^{-1}$(最高铬胁迫浓度)时，茭白对铬的转运系数均大于 1，且在 20 $mg·L^{-1}$ 时达最大，为 6.98，而其他处理下均较小(1.13～3.22)。

表 5.12 不同 Cr 浓度处理下茭白的耐性指数和转运系数

Cr 浓度/($mg·L^{-1}$)	耐性指数/%	转运系数
0	—	0.96
5	47.73	1.13
10	74.38	2.13
20	167.42	6.98
40	51.49	0.66
60	79.19	3.22

4. 铬在茭白不同器官亚细胞中的分布

重金属对植物的毒害及植物的耐受性主要与植物对其吸收、运输、各部位的分配以及与体内物质的结合形态等因素有关(Ni and Wei，2003)。从茭白根、叶亚细胞中 Cr(Ⅵ)的分布比例(表 5.13)来看，Cr 大部分存在于细胞壁(分别为 29.63%～43.33%、22.59%～53.75%)、胞液(分别为 33.40%～50.53%、28.92%～56.78%)中，少量分布在细胞器中(分别为 15.99%～27.31%、11.37%～20.83%)，总趋势均为：胞液>细胞壁>细胞器。然而，茎中 Cr 大部分存在于胞液中(52.24%～66.07%)，在细胞壁和细胞器中较少(分别为 26.80%～31.54%，6.46%～17.32%)，总趋势为：胞液>细胞壁>细胞器。另外，就 Cr 在细胞中的总含量而言，表现为茎>根>叶，这与图 5.8 的结果相一致。

表 5.13 不同 Cr 浓度处理下茭白各亚细胞组分中 Cr($mg·kg^{-1}$ FW)及其分配比例(%)

器官	亚细胞	Cr 浓度/($mg·L^{-1}$)				
		5	10	20	40	60
根	细胞壁	0.69±0.12^{bc} (29.63)	0.85±0.04^{b} (39.60)	1.12±0.33^{a} (35.30)	0.95±0.09^{ab} (43.33)	0.52±0.01^{c} (29.89)
	细胞器	0.46±0.04^{a} (19.83)	0.52±0.04^{a} (24.06)	0.51±0.02^{a} (16.00)	0.51±0.03^{a} (23.28)	0.47±0.06^{a} (27.01)
	胞液	1.18±0.09^{b} (50.53)	0.78±0.07^{c} (36.34)	1.54±0.01^{a} (48.70)	0.73±0.02^{c} (33.39)	0.75±0.04^{c} (43.10)
	总量	2.34±0.25^{b} (100)	2.15±0.14^{b} (100)	3.17±0.36^{a} (100)	2.18±0.14^{b} (100)	1.74±0.11^{c} (100)

续表

器官	亚细胞	Cr 浓度/(mg·L^{-1})				
		5	10	20	40	60
茎	细胞壁	2.46±0.18^{c} (26.80)	2.01±0.03^{d} (30.44)	4.47±0.33^{a} (27.03)	2.00±0.05^{d} (29.96)	2.64±0.02^{b} (31.54)
	细胞器	0.66±0.03^{c} (7.13)	1.14±0.03^{a} (17.32)	1.09±0.04^{b} (6.59)	0.64±0.04^{c} (9.67)	1.06±0.01^{b} (12.66)
	胞液	6.07±0.32b (66.07)	3.45±0.17^{c} (52.24)	10.98±0.29^{a} (66.38)	4.02±0.05^{c} (60.37)	4.67±0.03^{c} (55.80)
	总量	9.18±0.32^{b} (100)	6.60±0.22^{c} (100)	16.54±0.67^{a} (100)	6.66±0.15^{c} (100)	8.37±0.06^{bc} (100)
叶	细胞壁	0.35±0.01^{d} (22.73)	1.01±0.04^{b} (43.00)	1.98±0.04^{a} (53.66)	0.71±0.01^{c} (27.29)	0.38±0.02^{d} (45.24)
	细胞器	0.32±0.04^{c} (20.78)	0.27±0.05^{c} (11.36)	0.64±0.03^{a} (17.34)	0.55±0.03^{b} (20.82)	0.13±0.03^{d} (15.48)
	胞液	0.87±0.22^{c} (56.49)	1.07±0.03^{b} (45.64)	1.07±0.24^{b} (29.00)	1.36±0.03^{a} (51.89)	0.33±0.13^{d} (39.28)
	总量	1.54±0.97^{c} (100)	2.35±0.12^{b} (100)	3.69±0.31^{a} (100)	2.62±0.07^{b} (100)	0.84±0.18^{d} (100)

5.2.2.4　铬胁迫对芦竹铬积累的影响

1. 不同 Cr 浓度处理下芦竹的生长情况

由图 5.10 可知，低浓度(5mg·L^{-1}、10 mg·L^{-1})Cr(Ⅵ)胁迫时芦竹株高显著大于对照组，而在中(20 mg·L^{-1})、高浓度(40mg·L^{-1}、60 mg·L^{-1})时显著低于对照组；根长是在低、中浓度时均显著大于对照组，而在高浓度时均也显著低于对照组。Cr(Ⅵ)胁迫下，芦竹叶、茎生物量均先增后降，而根生物量显著下降，叶、茎生物量均在低浓度时生物量显著高于对照组(图 5.11)。不同 Cr(Ⅵ)浓度处理下，芦竹各器官生物量表现为：茎＞叶＞根。

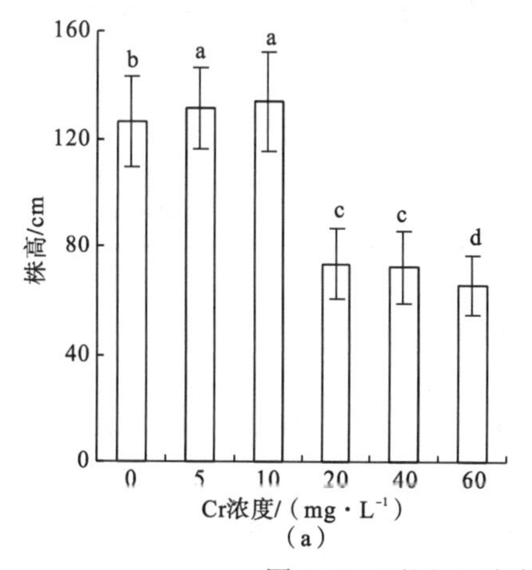

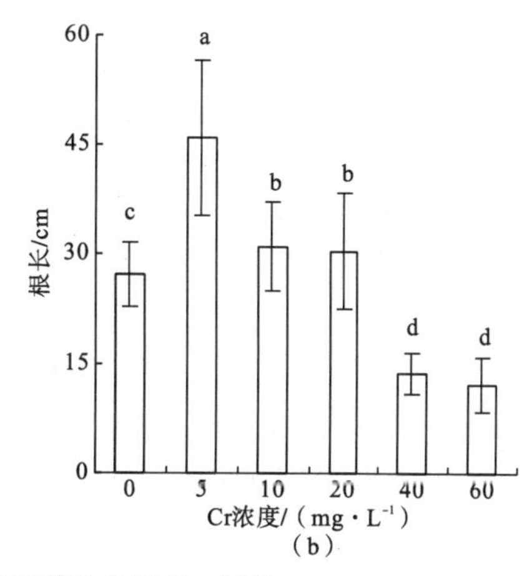

图 5.10　不同 Cr 浓度处理下芦竹的株高、根长

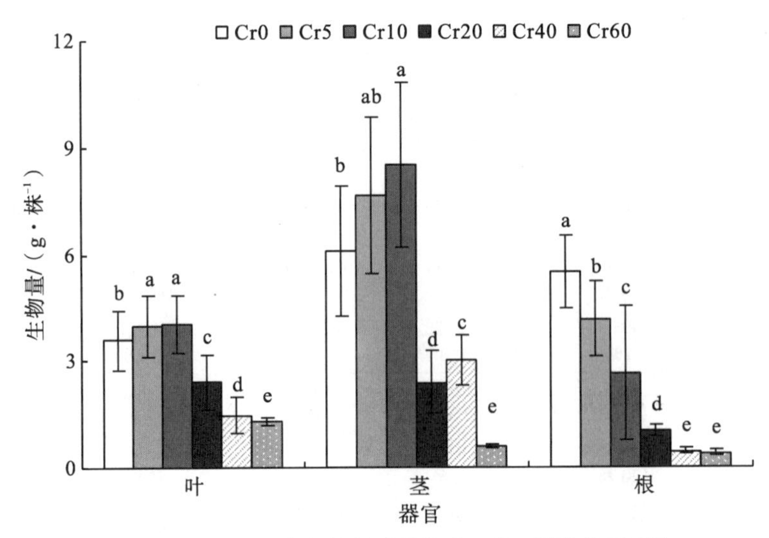

图 5.11　不同 Cr 浓度处理下芦竹叶、茎、根生物量变化

2. 芦竹各器官中 Cr 含量及积累量

由表 5.14 可知，不同 Cr(Ⅵ)浓度处理下，芦竹叶、茎、根中 Cr 含量随着 Cr 浓度的增加均呈显著增加趋势。相同 Cr 浓度处理下，不同器官中 Cr 含量不同，总体上表现为根中 Cr 含量显著高于其他器官(茎和叶)。在水体外源 Cr 添加量为 60 $mg·L^{-1}$ 时，根、茎、叶中 Cr 含量最大值分别为 274.64$mg·kg^{-1}$ DW、22.34$mg·kg^{-1}$ DW 和 8.21 $mg·kg^{-1}$ DW。由图 5.12 可知，芦竹叶中 Cr(Ⅵ)积累量随着 Cr 处理浓度升高呈先增后降的趋势，在 10$mg·L^{-1}$、20 $mg·L^{-1}$ 时的积累量显著高于其他处理。就茎而言，在 10 $mg·L^{-1}$、40 $mg·L^{-1}$ 时，茎中 Cr 积累量最高，均显著高于其他处理。在 10 $mg·L^{-1}$ 时，根中 Cr 积累量最高，20 $mg·L^{-1}$ 时其次，均显著高于其他处理。在不同 Cr(Ⅵ)浓度处理下，芦竹各器官中的 Cr 积累量表现为：根>茎>叶。根中 Cr(Ⅵ)积累量远远高于其他器官，且在各处理下 Cr 积累均差异显著，同时植株总积累量的趋势与根积累量的一致。

表 5.14　不同 Cr 浓度处理下芦竹各器官中的 Cr 含量　　(单位：$mg·kg^{-1}$ DW)

Cr 浓度/($mg·L^{-1}$)	叶	茎	根	根系滞留率/%
0	0.21±0.08 Ec	0.53±0.12 Fb	1.95±0.26 Fa	62.05
5	3.59±0.07 Db	2.69±0.18 Eb	19.93±0.47 Ea	68.49
10	4.76±0.67 CDb	4.37±0.52 Db	67.38±1.78 Da	86.45
20	5.36±0.07 Cb	9.15±0.31 Cb	139.28±11.34 Ca	89.58
40	7.53±0.54 Bb	12.99±0.23 Bb	167.04±13.75 Ba	87.72
60	8.21±0.15 Ac	22.34±0.22 Ab	274.64±6.64 Aa	88.88

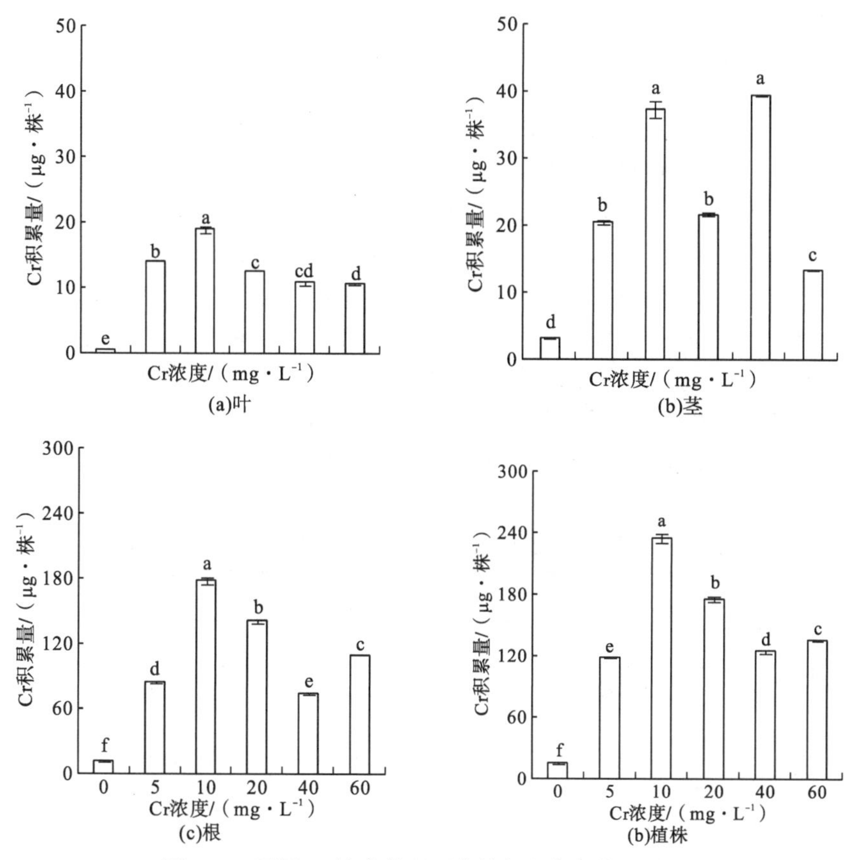

图 5.12　不同 Cr 浓度处理下芦竹各器官中的 Cr 积累

3. 芦竹体内 Cr 的耐性和转运特征

由表 5.15 可知，随着 Cr(Ⅵ)处理浓度的增加，芦竹对铬的耐性指数为显著下降趋势，在低浓度胁迫时耐性指数达到 100 左右，而在中、高浓度胁迫时耐性指数则为 15～30。就转运系数而言，在对照组和 5 mg·L^{-1} 浓度胁迫时较高，分别为 0.19 和 0.16，而在其他处理下均很小(0.05～0.07)。

表 5.15　不同 Cr 浓度处理下芦竹的耐性指数和转运系数

Cr 处理/(mg·L^{-1})	耐性指数/%	转运系数
0	—	0.19
5	103.96	0.16
10	99.93	0.07
20	38.10	0.05
40	32.56	0.06
60	15.23	0.06

4. 芦竹各器官中 Cr 的亚细胞分布

芦竹生长在 Cr(Ⅵ)污染的水体中，其亚细胞组分中均含有一定量的铬。从叶中 Cr(Ⅵ)的分布比例来看，Cr 大部分存在于细胞壁(31.27%～51.45%)、胞液(27.89～45.65%)中，少量分布在细胞器中(20.33%～27.50%)，总的趋势呈现出：细胞壁>胞液>细胞器(表 5.16)。从根、茎中 Cr(Ⅵ)的分布比例来看，Cr 大部分也存在于细胞壁和胞液中，少量分布在细胞器中，但总的趋势为：胞液>细胞壁>细胞器(表 5.16)。总体上，在 5mg·L^{-1}、10mg·L^{-1}、20mg·L^{-1}、40 mg·L^{-1} 处理时 Cr(Ⅵ)在细胞壁、胞液中分配比例差异均不显著，但在最高浓度(60 mg·L^{-1})时 Cr 分配比例在胞液中最大，叶、茎、根胞液中均为 50%左右。另外，就 Cr 在细胞中的总量而言，表现为：根>茎>叶。这与表 5.14 结果一致。

表 5.16 芦竹各亚细胞组分中 Cr 含量及其分配比例 (单位：mg·kg^{-1} FW)

各器官亚细胞组分		Cr 浓度/(mg·L^{-1})				
		5	10	20	40	60
叶	细胞壁	1.27±0.05 (51.45)	0.70±0.01 (34.65)	1.38±0.07 (37.70)	1.13±0.02 (44.61)	0.91±0.04 (31.27)
	细胞器	0.50±.03 (20.33)	0.54±0.07 (26.64)	1.00±0.04 (27.14)	0.70±0.03 (27.50)	0.67±0.05 (23.08)
	胞液	0.69±0.05 (28.22)	0.78±0.06 (38.68)	1.29±0.06 (35.16)	0.71±0.05 (27.89)	1.33±0.05 (45.65)
	总量	2.46±0.04 (100)	2.02±0.04 (100)	3.67±0.05 (100)	3.67±0.05 (100)	2.92±0.05 (100)
茎	细胞壁	0.62±.06 (34.16)	0.40±0.02 (30.07)	1.06±0.11 (41.90)	1.22±0.12 (45.57)	6.36±0.22 (36.62)
	细胞器	0.53±0.04 (29.08)	0.31±0.05 (23.31)	0.58±0.01 (22.83)	0.70±0.04 (26.36)	2.67±0.00 (15.38)
	胞液	0.66±0.04 (36.76)	0.62±0.06 (46.62)	0.89±0.04 (35.22)	0.75±0.01 (27.94)	8.34±0.09 (48.02)
	总量	1.81±0.05 (100)	1.33±0.04 (100)	2.52±0.05 (100)	2.67±0.06 (100)	17.37±0.11 (100)
根	细胞壁	2.65±0.12 (56.75)	4.65±0.01 (56.93)	1.95±0.06 (37.50)	21.95±0.35 (34.06)	49.43±0.72 (38.33)
	细胞器	0.98±.03 (20.99)	1.14±0.05 (13.92)	0.94±0.01 (18.08)	13.13±0.02 (20.38)	17.73±0.29 (13.75)
	胞液	1.04±0.04 (22.26)	2.38±0.05 (29.14)	2.31±0.04 (44.42)	29.36±0.10 (45.56)	61.79±7.72 (47.92)
	总量	4.66±0.06 (100)	8.16±0.04 (100)	8.16±0.04 (100)	64.44±0.15 (100)	128.95±2.91 (100)

5.3 讨　论

5.3.1 铬胁迫对湿地植物生理生态的影响分析

5.3.1.1 铬胁迫对美人蕉生理生态的影响分析

当植物遭受逆境时，植物体内生理生态指标会产生不同程度的调整与变化(戴鑫等，2009)。有关研究指出，许多植物在含重金属(Cr、Zn、Cu、Cd、Ni 等)废水胁迫下导致植物体内活性氧大量积累，若不能及时清除，则植物体内代谢会紊乱(文晓慧，2012)。本研究表明在低浓度 Cr 胁迫下，美人蕉叶绿素含量与对照相比有所上升，这可能是叶绿素合成系统在低浓度 Cr 胁迫下，铬可以对美人蕉产生刺激反应，这种刺激反应对叶绿素的合成有促进作用(赵天宏和沈秀瑛，2003)。在光合作用过程中，叶绿素对光能具有接受和转换作用，叶绿素 a/b 比值反映植物对光能的捕捉能力，其比值总体呈现降低趋势(表 5.1)，说明对光能的利用减弱。

本研究发现，不同 Cr 浓度胁迫下美人蕉的光合生理响应也出现显著差异，其中 Pn、Gs 与叶绿素含量变化趋势类似。Cr 低浓度(小于 $40mg \cdot L^{-1}$)时美人蕉的 Pn、Gs 上升，且 Pn 变化存在着显著差异。上升的原因可能是低浓度 Cr 所产生的应激性，高浓度 Cr 胁迫下 Pn 下降，这可能与美人蕉的叶绿素含量降低有关(王玉珏等，2010)。Tr、Ci 变化趋势是低浓度 Cr 胁迫下无显著差异，当胁迫浓度大于 $20mg \cdot L^{-1}$ 时，Tr、Ci 与对照存在明显的显著差异。高浓度 Cr 胁迫时，美人蕉叶片通 CO_2 气体的空隙关闭以减轻高浓度 Cr 胁迫造成的伤害(张仁和等，2011)。

MDA 是一种膜脂过氧化分解产物，其含量可以直接作为判断植物细胞膜受到损害程度的指标之一，植物中 MDA 含量积累越多，植物组织保护能力越弱(孙国荣等，2001；王丽燕和赵可夫，2005)。Cr 胁迫浓度为 $60mg \cdot L^{-1}$ 时，MDA 含量不是最高的，可能高浓度对植物细胞膜严重损伤，使得美人蕉不能正常完成生理作用。Pro 作为植物渗透调节物质，能够使植物细胞和组织中水分处于平衡状态，且具有清除植物产生的活性功能(谢虹等，2011)，还能够让植物的稳定大分子结构、膜结构保持完整，以免受逆境伤害(陈霖等，2013)。Cr 胁迫下，Pro 可能参与植物体内活性氧自由基的清除，减少 Cr 对细胞膜和蛋白质造成的损伤，提高美人蕉的抗胁迫能力。同时，植物体内存在一种在代谢过程中有重要作用的物质(即 GSH)，以保护植物免受活性氧的伤害(麦维军等，2005)。在低浓度 Cr 胁迫时，美人蕉中的 GSH 含量升高，以抵御活性氧的伤害，美人蕉能够正常生长。在高浓度 Cr 胁迫时 GSH 含量显著下降，表明此时美人蕉的 GSH 合成受到抑制，受到活性氧伤害的可能性也增大。

植物体内存在一些抗氧化酶(如 SOD、CAT、POD 等)，能够清除超氧阴离子自由基，起保护植物受逆境(高温、强光、强盐等)伤害的作用(李学强等，2010)。从本研究可知，美人蕉叶片中超氧阴离子自由基含量在低浓度 Cr 胁迫时显著下降，而在高浓度时有所增加，这可能是在低浓度 Cr 胁迫时，SOD 活性的增加能够对超氧阴离子自由基的活性抑制作用，这样可以很快地清除超氧阴离子自由基。随着 Cr 胁迫浓度的增加，虽然能够清除少部分的超氧阴离子自由基，但是 Cr 胁迫对美人蕉产生毒害之后，会使得超氧阴离子自由基迅速地增加(表 5.3)，最后超氧阴离子自由基又有所上升。在低浓度 Cr 胁迫下，美人蕉叶片的 CAT、POD 活性先升高，这样更有利于清除美人蕉中的活性氧，能有效去除细胞内有害自由积累。PAL 是植物体内的一种诱导酶(刘亚光等，2002)，PAL 活性随 Cr 胁迫浓度的增加先上升后显著下降，这可能是由于美人蕉长期处于 Cr 高浓度胁迫下致使部分组织严重破坏，导致水解蛋白酶从美人蕉组织中释放出来，最终导致美人蕉的 PAL 结构被破坏。

5.3.1.2 Cr 胁迫对菖蒲生理生态的影响分析

有研究表明，低浓度 Cr 胁迫能促进植物叶绿素形成，而高浓度 Cr 胁迫则抑制叶绿素的形成(黄辉等，2007；Ali，2010)。本研究表明，菖蒲在低、中浓度 Cr(Ⅵ)胁迫时叶绿素含量有所增加，此时菖蒲表现出较强的铬耐受性。然而，在高浓度 Cr 胁迫时叶绿素含量显著下降，其原因可能是高浓度 Cr 胁迫导致植物叶片叶绿体结构与功能受到影响，从而叶绿素的合成受阻及活性氧的氧化损伤等，最后使叶绿素分解(Ouzounidou et al.，1997)。

重金属胁迫能够影响植物体内蛋白质代谢(柳玲等，2010)，本研究表明 Cr 胁迫能在一定程度上促进菖蒲植株的生长，生理代谢活动旺盛，能诱导一些蛋白质合成，从而表现出可溶性蛋白质含量有不同程度的增加。可溶性糖与脯氨酸作为植物重要的渗透调节物质，本研究表明可溶性糖与脯氨酸含量在低 Cr 胁迫时有所上升，这是菖蒲对 Cr 逆境胁迫的一种积极适应。另外，本研究表明维生素 C 含量在 5 个 Cr 胁迫浓度下均显著下降，这可能是由于铬抑制了菖蒲维生素 C 相关酶的活性，其合成量也随之减少，导致其总含量降低。这也说明了菖蒲维生素 C 对 Cr 胁迫较为敏感，但有关 Cr 对维生素的影响机理还有待进一步研究。

根系活力水平反映植物对逆境生理生态的适应性，重金属胁迫下根系活力降低(彭伟正等，2006)。本研究中，在低浓度 Cr 胁迫时菖蒲根系活力有所增加，而在中、高浓度 Cr 胁迫时显著下降，表明菖蒲根系在低浓度时生长较好，有较强的适应能力，而在高浓度 Cr 胁迫下根系生长受到铬污染毒害。逆境条件下，植物体内 GSH 在代谢过程中起着重要作用，尤其是能抵御活性氧的伤害(陈少裕，1993；

Nagalak et al.，2001）。本实验中，菖蒲 GSH 含量在低浓度 Cr 胁迫时显著上升，此时 GSH 含量升高，可以作为抗氧化剂清除细胞内的活性氧，以抵御活性氧的伤害；在高浓度 Cr 胁迫时 GSH 含量显著下降，这表明此时菖蒲 GSH 的合成受到抑制，受到活性氧伤害的可能性增大。MDA 作为膜脂过氧化程度的指标之一，在机体内积累会对细胞产生毒害作用。在本研究中，菖蒲 MDA 含量在低浓度 Cr 胁迫时较低，而在中、高浓度 Cr 胁迫时较高，这充分表明低浓度胁迫时菖蒲通过自身的解毒过程使 MDA 未在体内积累，而在中、高浓度时 MDA 在体内积累量较高，此时可能会造成膜系统受到一定的伤害。

植物体内存在清除超氧阴离子自由基的抗氧化酶系统(如 SOD、CAT、POD 等)，对防止叶片衰老、强光、环境污染等逆境胁迫起着重要的保护作用(吴荣生等，1993；Becana，2000)。本书研究表明，菖蒲叶片中超氧阴离子自由基含量在低、中浓度 Cr 胁迫时是显著下降的，而在高浓度 Cr 胁迫时是有所增加的，这可能是由于在低 Cr 浓度时 SOD 活性的显著增加能抑制超氧阴离子自由基的活性，从而及时清除超氧阴离子自由基；随着 Cr 废水浓度的增加，尽管 SOD 活性增加能清除部分超氧阴离子自由基，但是此浓度下 Cr 胁迫对植物产生的毒害作用使超氧阴离子自由基较快增加，最后导致超氧阴离子自由基含量略有上升。Cr 废水胁迫下菖蒲叶片 POD、CAT 活性均显著增加，说明菖蒲其体内多种功能膜及酶活性并未受到破坏，从而有效解除细胞内有害的自由基以保护细胞膜结构，并及时清除体内多余的活性氧。另外，PAL 是一种诱导酶，本书的实验表明，PAL 含量随 Cr 胁迫浓度的增加而显著下降，其原因可能是菖蒲在遭受逆境时，合成较多次生物质后，会反馈抑制 PAL 活性，防止次生物质过度积累产生毒害(曾永三和王振中，1999)。因而，本研究表明，菖蒲体内的抗氧化酶系统以及 PAL 诱导酶在 Cr 胁迫下起着重要的防御和保护作用，从而提高菖蒲对 Cr 胁迫的耐受性。

5.3.2　Cr 胁迫对湿地植物铬积累的影响分析

5.3.2.1　Cr 胁迫对菖蒲铬积累的影响分析

重金属 Cr 能够影响植物的生长发育，高浓度 Cr 抑制植物根细胞分化，阻碍水分吸收，从而导致植株矮小，叶片泛黄，叶面积明显减少，生物量降低，对植物产生毒害作用；低浓度 Cr 反而促进根、根毛生长，增加根中髓质和外皮组织层的比例，促进植物的生长(Gupta et al.，2009；Suseela et al.，2002)。本研究也充分说明了低浓度 Cr 能促进菖蒲的生长，高浓度 Cr 对菖蒲具有一定的毒害作用。同时，在低、中浓度 Cr 胁迫时，菖蒲株高、根长的平均值显著高于周守标等(2007)的研究中生长于生活污水中的值(株高平均值为 44.4 cm，根长平均值为 11.9 cm)，这也表明了菖蒲对 Cr 污染有较强的耐受性。

本研究表明，随着 Cr 胁迫浓度增加，菖蒲对水体中铬的吸收水平不断增加，但在 10 mg·L^{-1}、20mg·L^{-1}、40 mg·L^{-1} 处理时表现为差异不显著，而且在最高浓度处理时 Cr 污染对菖蒲亚细胞铬分布的影响最大。然而，本研究与相关研究的结果不一致，如王爱云等(2012)研究表明，3 种草本植物体内 Cr 的主要贮存部位也是细胞壁和细胞质，在叶绿体和线粒体中含量较低，但是在菖蒲叶片亚细胞的分布表现为不同 Cr 处理浓度时表现不一致。其中，在 10mg·L^{-1}、20mg·L^{-1}、40 mg·L^{-1} 处理时 Cr 在细胞壁中的分配显著较高，而在 0、5mg·L^{-1}、60 mg·L^{-1} 处理时 Cr 在细胞质中的分配显著较高。这可能是由于实验中不同的 Cr 浓度及实验作物耐铬性不同而致(宋阿琳等，2011)。

植物对重金属的吸收分布情况是耐性物种选择的重要指标，其中转运系数反映重金属在植物体内的运输和分配情况，而富集系数反映植物对重金属的富集能力(王爱云等，2012)。从表 5.4 中可知，在 Cr(VI)低浓度时转运系数与对照的没有显著差异，但显著高于在中、高浓度时的转运系数，说明菖蒲在 Cr 胁迫浓度较低水平时有较强的 Cr 转运能力。同时，王爱云等的研究中菖蒲转运系数虽然低于白花三叶草和高羊茅的转运系数，但是菖蒲的地上、下部富集系数与它们相近(王爱云等，2012)。因而，在重金属 Cr 污染水体治理中，湿地植物菖蒲有一定的潜在应用价值。

植物体内重金属的积累量有随土壤环境中重金属浓度升高而升高的特点(魏树和等，2003)，同时，Stoltz 等(2002)研究认为重金属在湿地植物体内的分布趋向于根部积累，本实验结果与此相一致。这可能是由于菖蒲根系对重金属 Cr 有较强的滞留效应，从而将有害离子积累于根部是植物减轻其对光合作用及新陈代谢活性毒害的一种策略(Zurayk et al.，2001)。同时，菖蒲通过此策略增强对低、中浓度 Cr 毒害的耐受性。有研究认为湿地植物对重金属的耐性是其自身固有的特性，与其是否生活于重金属污染环境无关(McCabe et al.，2001；Ye et al.，1998)，因而菖蒲对重金属的耐性是否因生境不同而有所差异还需进一步研究，为重金属污染水体修复生态工程植物种类的选择提供更为直接的依据。

5.3.2.2 Cr 胁迫对再力花铬积累的影响分析

有研究表明，Cr 在低浓度胁迫时能促进根、根毛生长，增加根中髓质和外皮组织层的比例，促进植物的生长(Gupta et al.，2009；Suseela et al.，2002)。本研究表明，水体中外源铬在 5～40 mg·L^{-1} 时并没有显著抑制再力花的生长，且 40 mg·L^{-1} 时各种生长指标(包括株高、根长、生物量)均达到最大，在最高 Cr 处理浓度(60 mg·L^{-1})时才有所下降，这充分说明再力花对 Cr 污染具有较强的耐受力。同时，在低浓度(5mg·L^{-1}、10mg·L^{-1}) Cr 处理时，本研究中再力花的生物量显著高于赵立峰等(2007)研究中的美人蕉、风车草和狼尾草。

本研究中，再力花器官中 Cr 含量和累积量均表现为根部的值显著高于地上部(叶、茎)，表明再力花各器官对 Cr^{6+}的累积能力存在较大的差异，这在其他 Cr 胁迫研究中也得到了证实(柳玲等，2010；吕金印等，2012)。同时，再力花根部 Cr 含量和积累量均大于地上部(叶、茎)，根系铬滞留率高达 60%～90%，表明再力花具有较强的铬富集力，可减轻水体中过量 Cr 对茎、叶器官的毒害作用。然而，在 Cr 处理浓度达到 40 $mg \cdot kg^{-1}$时，根系滞留率相对于 20 $mg \cdot kg^{-1}$时的最大值略有下降(差异不显著)，这可能是由于高浓度胁迫下再力花植株受到一定程度的毒害，根系吸收量有所减小。

根系耐性指数是衡量植物对重金属耐受力高低的重要指标之一。本研究发现，再力花对 Cr 的耐性指数和滞留率随着 Cr 处理浓度的增加而显著上升，再次说明了再力花对铬的耐受力较强，适宜作为重金属污染修复的备选植物。同时，植物对重金属的吸收分布情况也是耐性物种选择的一个重要指标，而转运系数能够反映重金属在植物体内的运输和分配情况(张宪政，1994)。本实验中，对照组和低浓度 Cr 胁迫时再力花转运系数较高，说明此时再力花对 Cr 的转运能力较强；在中、高浓度胁迫下，Cr 转运系数较低，说明根部固持 Cr 的能力较强，以减轻 Cr 对地上部叶绿体组织的损伤，从而缓解重金属对植物正常生命活动的影响(Tiwari et al.，2011)。因而，从转运系数分析中可知，再力花通过根部 Cr 的固持量来提高对铬的耐受性。

在 Cr^{6+}胁迫下，再力花根与叶片的细胞壁中铬含量均是高于胞液、细胞器的，主要是由于 Cr^{6+}进入作为第一道屏障的细胞壁较好地滞留了铬离子，从而降低了铬对细胞器(如叶绿体、线粒体等)的影响，保证在 Cr 胁迫时再力花叶片、根系仍能行使正常的功能(Krämer et al.，2000)。然而，本研究发现茎中的 Cr 大部分存在于细胞器中(占亚细胞各组分总量的 50%～60%)，可能是由于细胞壁并未有效发挥其作为 Cr^{6+}进入细胞的屏障作用，促使细胞器成为进入细胞体内的 Cr 的最主要结合位点，从而降低对其他细胞结构的伤害，但 Cr 在细胞器中主要与何种配位体结合，还有待进一步研究。

重金属积累能力大小是植物修复物种选择的一个重要指标，由此，Baker 等(1998)提出了 Cr 超积累植物地上部 Cr 含量的参考值应该大于 1000 $mg \cdot kg^{-1}$。由此判定，本研究中再力花地上部对铬的积累量远未达到 Cr 超积累量，但是在 40 $mg \cdot kg^{-1}$Cr 胁迫时根、茎的积累量分别达到 6257.26 $\mu g \cdot 株^{-1}$ DW 和 322.67 $\mu g \cdot 株^{-1}$ DW，这充分说明了再力花(尤其是根部)对 Cr^{6+}具有较强的积累力与耐受力，加之再力花具有繁殖系数大、生长速度快、水肥吸收能力强、植株相对高大等特点，因而它在修复水体重金属铬污染中具有广阔的应用价值。再力花对 Cr 的富集系数显著高于白花三叶草(*Trifolium repens*)、高羊茅(*Festuca arundinacea*)、紫花苜蓿(*Medicago sativa*) 3 种草本植物(王爱云等，2012)，这进一步说明以再力花为主的人工湿地在处理含 Cr 废水中具有较强的应用潜力。

5.3.2.3 Cr 胁迫对茭白铬积累的影响分析

植物对重金属耐性机理的研究表明，低浓度重金属胁迫在初期能促进部分植物生长，但后期生长变慢，而高浓度则始终起抑制作用(黄凯丰等，2008；杨居荣和黄翌，1994)。植物吸收重金属的量与植物所处环境中重金属离子的浓度、植物的种类、所处生长环境的性质有关(Clemens，2006)。其中，茭白各器官中的 Cr 积累量表现为：根＞茎＞叶。这可能是由于茎中较高的铬离子抑制了茎的生长，其生物量也变小，这样根部较高的 Cr 积累量有利于减轻过量铬对茎叶器官的毒害作用。

不同 Cr 浓度处理下，茭白各器官生物量表现为：根＞叶＞茎。在 Cr 胁迫浓度为 20 mg·L^{-1} 时，株高、根长、生物量均较大，说明 20 mg·L^{-1} 铬处理可能是它的耐受限。然而，该实验中茭白在 Cr 胁迫下的株高与生物量显著低于俞晓平等(2003)研究的浙江种植的茭白，表明 Cr 胁迫对茭白具有一定的抑制作用。相同 Cr 胁迫浓度下，不同器官中 Cr 含量趋势为：茎＞根＞叶，而 Cr 积累量为：根＞茎＞叶，可见铬在茭白茎中的含量显著高于根、叶。同时，该研究也表明茭白各器官对 Cr 的吸收量存在显著的差异性。茭白对 Cr 的耐性指数是先增加后降低的，而在 20 mg·L^{-1} 时表现为耐性最强，表明低浓度 Cr 对茭白生长具有一定的促进作用，而在高浓度 Cr(Ⅵ)处理时对茭白生长具有明显的抑制作用。5mg·L^{-1}、10mg·L^{-1}、20mg·L^{-1} 和 60 mg·L^{-1} 时，茭白对 Cr 的转运系数均大于 1，且在 20 mg·L^{-1} 时高达 6.98，表明茭白有较强的转运能力，能将水体中的重金属离子转运到地上部分。这样，能通过定期收割茭白以去除水体中的重金属 Cr，因而该研究结果为茭白在修复水体中铬污染的推广运用提供了实验依据。

茭白各器官亚细胞中 Cr 大部分分布于细胞壁、胞液中，而在细胞器中较少，总分布趋势均为：胞液＞细胞壁＞细胞器。这与黄凯丰等(2011)研究的结论不一致，可能是因为当细胞壁的结合位点达到饱和时，进入细胞内的大部分重金属被转运到液泡中，与其中的柠檬酸、苹果酸和草酸等有机酸络合而达到区隔化作用(Krämer et al.，2000；Krämer，2000)。同时，该研究也说明了由于细胞壁的保护，Cr 较难进入细胞内部。因而，这也是植物细胞对重金属的一种排斥机制，细胞壁通过避免过量的重金属离子进入细胞质中影响细胞内的代谢活动，从而减轻重金属的毒害，证实了前人得出的茭白对重金属离子抗性较强的研究结果(黄凯丰等，2008；江解增等，2007)。

5.3.2.4 Cr 胁迫对芦竹铬积累的影响分析

大量实验证明 Cr 污染能够影响植物的生长发育(Han et al.，2004；Gupta et al.，2009)，植物的株高、根长与生物量均是反映植物生长状况的主要指标，而湿地植物生物量的高低直接关系到湿地植物在人工湿地中的推广应用及其价值(李志刚等，2010)。本研究表明，低浓度 Cr(Ⅵ)胁迫能够显著促进芦竹的生长，表现为株高与根长比对照更高、更长，且地上生物量(叶、茎生物量)也是高于对照的，但是当 Cr 浓度超出一定范围时(20 mg·L^{-1})，其株高、根长、地上生物量均有所降低。这种趋势与吕金印等(2012)、王爱云等(2012)的研究结果相一致，可能是由于高浓度 Cr 抑制植物根细胞分化，阻碍水分吸收，从而导致植株矮小，叶片泛黄，叶面积明显减少，生物量降低(Dixit et al.，2012；Shanker et al.，2002；Suseela et al.，2002)。然而，本研究发现根生物量是随着 Cr(Ⅵ)浓度增加一直显著下降的，这可能是由于芦竹的根对 Cr 污染比较敏感，根毛的生长在低 Cr 胁迫浓度时就受到 Cr 抑制，从而阻碍根的正常生长，但具体的原因还有待于进一步的研究。

本书中 Cr(Ⅵ)在芦竹各部位的含量和总累积量均为：根>叶>茎。表明芦竹各部位对 Cr^{6+}的累积量差异性较大，这与许多相关研究的结果相一致(Han et al.，2004；Zayed et al.，1998；Panda，2007)。根部铬含量和积累量均大于地上部，根系铬滞留率较高，表明芦竹具有较强的富集力，能减轻过量铬对茎叶器官的毒害作用。大部分 Cr 以低毒形式积累于根部，运输到地上部的 Cr 大部分被细胞壁吸附或与蛋白质相结合形成结合形态，一定程度上也起着保护作用，这也可能是芦竹根系吸收 Cr 向地上部运输较少的主要原因(管铭等，2010)。然而，在 Cr(Ⅵ)处理达到 40 mg·kg^{-1}时，根的滞留率略有下降，可能是高浓度胁迫下芦竹植株受到毒害，根系吸收量有所减小，但此浓度并不一定是芦竹对 Cr 的耐受极限。

重金属累积能力的大小是修复物种选择的一个重要指标，而且依据 Baker 等(1983)提出的参考值，Cr 超积累植株地上部铬含量必须在 1000 mg·kg^{-1}以上。尽管本研究中芦竹地上部对铬的积累量远未达到铬超积累量，但是本研究充分说明了芦竹根部对 Cr^{6+}具有较强的积累能力与耐受能力，加之芦竹具有生物量大、根系发达、适应性强等特点(韩志萍，2006；韩志萍和胡正海，2005)，因而它在水体和土壤重金属铬污染修复中将会有广阔的应用前景。

根系耐性指数可以作为植物体对重金属耐性大小的一个非常重要的指标(王爱云等，2012)。本研究发现，在低 Cr(Ⅵ)浓度胁迫时芦竹对铬的耐性指数显著高于在中、高浓度时的耐性指数，表明低浓度 Cr^{6+}对芦竹生长具有一定的促进作用，而中、高浓度 Cr^{6+}处理时对芦竹生长具有明显的抑制作用。转运系数反映了植物向上运输重金属的能力(Tiwari et al.，2011)，比值越大，说明该金属向茎叶转移的越多，滞留在根系的越少。本实验中，对照组和 5 mg·L^{-1}胁迫时芦竹转运系数较大，说明芦竹在不受 Cr 胁迫或低胁迫时，转运能力较强；在中、高浓度胁迫下，Cr 转运系数极低，说明中、高浓度 Cr 胁迫下，芦竹根部固持 Cr 的能力较强。芦竹将 Cr 固持在地下部位，限制其向地上部分的转移，能够减轻 Cr 对光和组织的损伤，从而缓解重金属对植物生命活动的影响，这也说明了芦竹对铬具有较强的耐受性。

在 Cr^{6+}胁迫下，芦竹叶片细胞壁中铬含量最高，这表明作为重金属进入细胞内第一道屏障的细胞壁较好地滞留了铬离子，从而降低了铬对细胞器(如叶绿体，具有光合作用功能)的影响，保证在 Cr 胁迫时芦竹叶片仍能行使正常的功能。液泡中含有的多种蛋白质、有机酸、有机碱等物质都能与重金属结合而使金属离子在细胞内被区隔化(Verkleij and Schat，1990)。本研究发现，根、茎中 Cr(Ⅵ)的分布在胞液中最高，这可能是因为当细胞壁的结合位点达到饱和时，进入细胞内的大部分重金属被转运到液泡中，与其中的柠檬酸、苹果酸和草酸等有机酸络合而达到区隔化作用(Krämer，2000，2005)。因而，芦竹各器官中 Cr(Ⅵ)的分布情况再一次印证了芦竹对铬具有较强的耐受能力。

参 考 文 献

鲍士旦. 2005. 土壤农化分析. 北京：中国农业出版社：39-49.

陈霖，姜岩，汪鹏合，等. 2013. 镍胁迫对菹草(*Potamogeton crispus* L)活性氧及脯氨酸代谢的影响. 湖泊科学，25(1)：131-137.

陈少裕. 1993. 植物谷胱甘肽的生理作用及意义. 植物生理学通讯，29(3)：210-214.

陈颖，杨静翎，凌敏. 2014.含铬 Cr^{6+}废水处理技术综述. 科技与企业，22：146-146.

戴鑫，张边江，章琦，等. 2009. 盐胁迫下不同浓度的锰处理对小麦幼苗生长及 SOD/POD 的影响. 安徽农业科学，37(27)：13000-13001.

高俊凤. 2012.植物生理学实验指导. 北京：高等教育出版社.

管铭，裴立，郭水良，等. 2010. 假稻对铬的富集作用及其耐受能力研究. 环境科学与管理，35(3)：125-130.

韩志萍，胡正海. 2005. 芦竹对不同重金属耐性的研究. 应用生态学报，16(1)：161-165.

韩志萍. 2006. 铬铜镍在芦竹中的富集与分布. 环境科学与技术，29(5)：106-108.

黄辉，童雷，苗芃，等. 2007. 铬污染地区芦苇(*Phragmites australis* L)生理特征分析. 农业环境科学学报，26(4)：1273-1276 .

黄凯丰，江解增. 2011. 复合胁迫下茭白体内镉、铅的亚细胞分布和植物络合素的合成.植物科学学报，29(4)：502-506.

黄凯丰，杨凯，江解增，等. 2008. 镉胁迫对茭白生长及产品残留量的影响.中国蔬菜，2：12-14.

江解增，曹碚生，黄凯丰，等. 2005. 茭白肉质茎膨大过程中的糖代谢与激素含量变化. 园艺学报，32(1)：134-137.

江解增，黄凯丰，杨凯，等. 2007. 茭白对苇末基质中镉的生理反应及其镉的残留. 园艺学报，34(2)：407-410 .

李学强，李秀珍，王祥. 2010. 5 种樱桃属植物的 POD/CAT 和 SOD 同工酶分析.生物学通报，45(2)：46-49.

李志刚，黄海连，李素丽，等. 2010. 铬对人工湿地净化生活污水的影响及铬积累规律. 农业环境科学学报，29(7)：1362-1368 .

李志刚，李素丽，梅利民，等. 2011. 美人蕉(*Canna indica* Linn)和芦苇(*Phragmites australis* L)人工湿地对含铬生

活污水的净化效果及植物的生理生态变化. 农业环境科学学报，30(2)：358-365 .

刘亚光，李海英，杨庆凯. 2002. 大豆品种的抗病性与叶片内苯丙氨酸解氨酶活性关系的研究. 大豆科学，21(3)：195-198.

柳玲，吕金印，张微. 2010. 不同浓度 Cr^{6+}处理下芹菜的铬累积量及生理特性. 核农学报，24(3)：639-644.

吕金印，齐君，王帅，等. 2012. 不同基因型普通白菜对铬胁迫的生理响应及铬吸收差异. 中国蔬菜，24：55-61.

麦维军，王颖，梁承邺，等. 2005. 谷胱甘肽在植物抗逆中的作用. 广西植物，25(6)：570-575.

孟伟，张远，郑丙辉. 2006. 水环境质量基准、标准与流域水污染物总量控制策略. 环境科学研究，19(3)：1-6.

彭伟正，王克勤，胡蝶，等. 2006. 镉在黄瓜植株体内分布规律及其对黄瓜生长和某些生理特性的影响. 农业环境科学学报，25：92-95.

任珺，陶玲，杨倩，等. 2009. 铬在三种湿地植物中的积累与分布. 环境化学，28(6)：948-949.

宋阿琳，李萍，李兆君，等. 2011. 镉胁迫下两种不同小白菜的生长、镉吸收及其亚细胞分布特征. 环境化学，30(6)：1075-1080.

孙国荣，关旸，阎秀峰. 2001. 盐胁迫对星星草幼苗保护酶系统的影响. 草地学报，1：34-38.

王爱云，黄姗姗，钟国锋，等. 2012. 铬胁迫 3 种草本植物生长及铬积累的影响. 环境科学，33(6)：2028-2037.

王丽燕，赵可夫. 2005. 玉米幼苗对盐胁迫的生理响应. 作物学报，3(2)：264-266.

王谦，李延，孙平，等. 2013. 含铬废水处理技术及研究进展. 环境科学与技术，36(12)：150-156.

王玉珏，付秋实，郑禾，等. 2010. 干旱胁迫对黄瓜幼苗生长/光合生理及气孔特征的影响. 中国农业大学学报，15(5)：12-18.

魏树和，周启星，张凯松，等. 2003. 根际圈在污染土壤修复中的作用与机理分析. 应用生态学报，14(1)：143-147.

文晓慧. 2012. 重金属胁迫对植物的毒害作用. 农业灾害研究，2(11)：20-21.

吴敏兰，贾洋洋，李莅莅，等. 2014. 铬胁迫对烟草叶片叶绿素荧光特性和活性氧代谢系统的影响. 江苏农业科学，42(8)：92-95.

吴荣生，焦德茂，李黄振，等. 1993. 杂交稻旗叶衰老过程中超氧阴离子自由基与超氧物歧化酶活性的变化.中国水稻科学，7(1)：51-54.

伍清新，刘杰，游少鸿，等. 2014. 李氏禾湿地系统净化 Cr(VI)污染水体的机理研究 环境科学学报，34(9)：2306-2312.

谢虹，杨兰，李忠光. 2011. 脯氨酸在植物非生物胁迫耐性形成中的作用. 生物技术通报，2：23-27.

徐希真，黄承才，徐青山，等. 2012. 模拟人工湿地中植物多样性配置对硝态氮去除的影响. 生态学杂志，31(5)：1150 -1156.

杨居荣，黄翌. 1994.植物对重金属的耐性机理. 生态学杂志，13 (6)：20-26.

俞晓平，李建荣，施建苗，等. 2003. 水生蔬菜茭白及其无害化生产技术. 浙江农业学报，15(3)：109-117.

曾永三，王振中. 1999. 苯丙氨酸解氨酶在植物抗病反应中的作用. 仲恺农业技术学院学报，12(3)：56-65.

张培丽，陈正新，裘知，等. 2012. 模拟人工湿地中植物多样性对铵态氮去除的影响. 生态学杂志,31(5)：1157 -1164.

张仁和，郑友军，马国胜，等. 2011. 干旱胁迫对玉米苗期叶片光合作用和保护酶的影响. 生态学报，31(5)：1303-1311.

张宪政. 1994. 植物生理学试验技术. 沈阳：辽宁科学技术出版社：111-132.

赵立峰，林东教，罗健，等. 2007. 3 种植物对人工污水中铬和铅的耐受性研究.内蒙古农业大学学报，28(3)：327-331.

赵天宏，沈秀瑛. 2003. 水分胁迫及复水对玉米叶片叶绿素含量和光合作用的影响. 园艺与种苗，23(1)：33-35.

周守标，王春景，杨海军，等.2007. 菰和菖蒲在污水中的生长特性及其净化效果比较. 应用与环境生物学报，13(4)：454-457.

周卫，汪洪，林葆. 1999. 镉胁迫下钙对镉在玉米细胞中分布及对叶绿体结构与酶活性的影响. 植物营养与肥料学报，5(4)：335-340.

Ali S. 2010. 大麦铬与盐、铝的互作和减轻铬毒害的化学途径研究. 杭州：浙江大学.

Baker A J M，Brooks R R，Pease A J，et al. 1983. Studies on copper and cobalt tolerance in three closely related taxa within the genus *Silene* L (Caryophyllaceae) from Zare. Plant and Soil，73(3)：377-385.

Becana M. 2000. Reactive oxygen species and antioxidants in legume nodules. Physiology Plant，109：372-381.

Cao H Q，Ge Y，Liu D，et al. 2011. NH_4^+ /NO_3^- ratio affect Ryegrass (*Lolium perenne* L) growth and N accumulation in a hydroponic system. Journal of Plant Nutrition，34(2)：206-216.

Clemens S. 2006. Toxic metal accumulation. responses to exposure and mechanisms of tolerance in plant. Biochimie，88(11)：1707-1719 .

Dixit V，Pandey V，Shyam R. 2002. Chromiumions inactivate electron transport and enhance superoxide generation in vivo in pea (*Pisum sativum* L cv Azad) root mitochondria. Plant，Cell & Environment，25(5)：687-693.

Gupta S，Srivastava S，Saradhi P P. 2009. Chromium increases photosystem activity in Brassica juncea. Biologia Plantarum，53(1)：100-104.

Han F X，Sridhar B B M，Monts D L，et al. 2004，Phytoavailability and toxicity of trivalent and hexavalent chromium to Brassica juncea. New Phytologist，162(2)：489-499.

Hoagland D R，Arnon D I. 1950. The water culture method for growing plants without soil. California Agricultural Experiment Station Circular，347：1-32.

Krämer U，Pickering I J，Prince R C，et al. 2000. Subcellular localization and speciation of nickel in hyper accumulator and nona-ccumulator Thlaspi species. Plant Physiology，122(4)：1343-1353.

Krämer U. 2000. Cadmium for all meals-plants with an unusual appetite. New Phytologist，145：1-3.

Krämer U. 2005. Phytoremediation：novel approaches to cleaning up polluted soils. Current Opinion in Biotechnology，16：133-141.

Li J T，Duan H N，Li S P. 2010.Cadmium pollution triggers a positive biodiversity-productivity relationship：evidence from a laboratory microcosm experiment. Journal of Applied Ecology，47：890-898.

Liu J，Zhang X H，You S H，et al. 2014.Cr(VI) removal and detoxification in constructed wetlands plantedwith Leersia hexandra Swartz. Ecological Engineering，71：36-40

McCabe O M，Baldwin J L，Otte M L. 2001. Metal tolerance in wetland plants？Minerva Biotechnology，13(1)：141-149.

Midgley G F. 2012.Biodiversity and ecosystem function. Science，335：174-175.

Nagalak s N，Prasad M N. 2001. Responses of glutathione cycle enzymes and glutathione metabolism to copper stress in Scenedesmus bijugatus. Plant Science，160(2)：291-299.

Ni T H，Wei Y. 2003. Subcellular distribution of cadmium in mining ecotype sedum alfredii. Acta Botanica Sinica，45 (8)：

925- 928.

Ouzounidou G，Moustakas M，Eleftheriou E P. 1997. Physiological and ultra-structural effect of cadmium on wheat（*Trticum aestivum* L）leaves. Archives of Environmental Contamination and Toxicology，32(2)：154-160.

Palmborg C，Scherer-Lorenzen M，Jumpponen A，et al. 2005. Inorganic soil nitrogen under grassland plantcommunities of different species composition and diversity. Oikos，110：271-282.

Panda S K. 2007. Chromium-mediated oxidative stress and ultrastructural changes in root cells of developing rice seedlings. Journal of Plant Physiology，164(11)：1419-1428.

Rathore V S，Bajaj Y P S，Wittwer S H. 1972. Subcellular localization of zinc and calcium in bean（*Phaseolus vulgaris* L）tissues. Plant Physiology，49：207-211.

Shanker A K，Djanaguiraman M，Sudhagar R，et al. 2004. Differential antioxidative response of ascorbate glutathione pathway enzymes and metabolites to chromium speciation stress in green gram（*Vigna radiata*（L）R Wilczek cv CO_4）roots. Plant Science，166(4)：1035-1043.

Steudel B，Hector A，Fried T，et al. 2012. Biodiversity effects on ecosystem functioning change alongenvironmental stress gradients. Ecology Letters，15：1397-1405.

Stoltz E，Gregor M. 2002. Accumulation properties of As，Cd，Cu，Pb and Zn by four wetland species growing in submerged mine tailings. Environ Experimental Botany，47(3)：271-280.

Sultanaa M Y，Chowdhury A K M，Michailides M K，et al. 2015. Integrated Cr(VI) removal using constructed，wetlands and composting. Journal of Hazardous Materials，281：106-113.

Suseela M R，Sinha S，Singh S，et al. 2002. Accumulation of chromium and scanning electron microscopic studies in *Scirpus lacustris* L treated with metal and tannery effluent. Bulletin of Environmental Contamination and Toxicology，68 (4)：540-548.

Tilman D，Hill J，Lehman C. 2006. Carbon-negative biofuels from low-input high-diversity grassland biomass. Science，314：1598-1600.

Tilman D，Reich P B，Isbell F. 2012.Biodiversity impacts ecosystem productivity as much as resources,disturbance，or herbivory. Proceedings of the National Academy of the Sciences of the United States of America，109(26)：10394-10397.

Tiwari K K，Singh N K，Patel M P，et al. 2011. Metal contamination of soil and translocation in vegetables growing under industrial wastewater irrigated agricultural field of Vadodara，Gujarat，India. Ecotoxicology and Environmental Safety，74：1670-1677.

Verkleij J A C，Schat H. 1990. Mechanisms of metal tolerance in higher plants//Shaw A J. Heavy Metal Tolerance in Plants：Evolutionary Aspects Florida：CRC Press：179-194.

Wang Y F，Yu S X，Wang J. 2007. Biomass-dependent susceptibility to drought in experimental grassland communities. Ecology Letters，10(5)：401-410.

WHO. 1992. Environmental health criteria. WHO，Geneva.

Ye Z，BakerA J M，Wong M H，et al. 1998.Comparison of biomass and metal up take between two populations of Phragmites australis grown in flooded and dry conditions. Annals of Botany，82(1)：83-87.

Zayed A，Lytle C M，Qian H J，et al. 1998. Chromium accumulation，translocation and chemical speciation in vegetable crops. Planta,206(2)：293-299.

Zhang C B，Wang J，Liu W L，et al. 2010.Effects of plant diversity on nutrient retention and enzyme activities in a full-scale constructed wetland. Bioresource Technology，101：1686-1692.

Zhu S X，Ge H L，Ge Y，et al . 2010.Effects of plant diversity on productivity and substrate nitrogen in a subsurface vertical flow constructed wetland. Ecological Engineering，36(10)：1307-1313.

Zhu S X，Zhang P L，Wang H，et al. 2012. Plant species richness affected nitrogen retention and ecosystem productivity in a full-scale constructed wetland. Clean-Soil，Air，Water，40(4)：341-347.

Zurayk R，Sukkariyah B，Baalbaki R. 2001. Common hydrophytes as bioindicaters of nickel，chromium and cadmium pollution. Water Air Soil Pollution，127(1)：373-88.

第6章　模拟人工湿地中不同湿地植物对中药废水的生理生化响应

随着国民经济的发展，中药、中成药制药企业得到大力发展，与此同时该类企业排放的废水已成为严重污染源之一(贺志勇和曾秋云，2005)。因而，如何处理难降解中药废水是废水治理中的难点和重点。同时，人工湿地污水处理系统具有资金投入低、操作简单、能耗低等优点，最近30年在国内外被广泛运用于处理生活污水、暴雨径流污水、工业污水、农业污水、酸性矿山废水以及垃圾渗滤液等(赵安娜等，2010；Lin et al.，2002；Liu et al.，2009)。因而，现在有必要研究应用人工湿地系统处理中药废水的相关机制，而适应生长在中药废水中的湿地植物的选择与培养是首要解决的难题之一。

再力花(*Thalia dealbata*)别名水竹芋，是竹芋科再力花属的多年生宿根挺水植物。再力花不仅具备较高的观赏价值，而且能够耐受富营养水质，吸附重金属，具有极强的去污能力，常用于人工湿地处理污水(陈永华等，2006；Jiang et al.，2009；范云爽等，2010)。茭白(*Zizania latifolia*)为禾本科多年生宿根性沼泽草本植物，是我国常见的一种水生蔬菜，同时是具有较强污水净化能力的湿地植物之一，广泛应用于人工湿地污水处理系统中(徐德福等，2009；刘晖等，2012；潘兴树等，2011)。菖蒲(*Acorus calamus*)是菖蒲科菖蒲属多年生挺水草本植物，常用于修复受污染的水体环境，如生活污水(周世玲等，2013；曹优明，2010)、煤矿废水(曹优明和戴涛，2012)和含重金属废水(周守标等，2007)等。然而，有关中药废水胁迫对再力花、茭白、菖蒲生理特性方面的研究还未见报道。因而，本书建立模拟人工湿地的实验系统，研究 4 种浓度的中药废水胁迫对再力花、茭白、菖蒲生理特性的影响，以了解湿地植物在中药废水高营养胁迫下的作用机理，为湿地植物净化中药废水提供理论依据。

6.1　材料与方法

6.1.1　模拟人工湿地系统的构建与植物培养

2013 年 4 月初用 30 个长宽高分别为 70 cm×33 cm×28 cm (内径)的抗老化

塑料水槽在贵州民族大学苗圃塑料大棚内(106°39′E，26°28′N))构建了小型模拟人工湿地系统，填充以细沙作为栽培基质(基质高度为 20 cm)，系统容水量约为 17 L。

2013 年 4 月中旬选取活力和体积一致的再力花与茭白的小植株若干(从贵阳某园林公司购买，株高为 30～40 cm)，分别置于水槽中培养 15 天，以改进后的 Hoagland 营养液(Hoagland and Arnon，1950；Cao et al.，2011)浇灌，期间发现死亡的个体随时替换，最后确保每个水槽中存活的再力花与茭白植株均为 8 株。待植物地上部分均重新生长后，于 5 月初每个水槽均加入反应罐清洗废水(取自贵阳金关工业园区某中药制药厂)。

实验期间(5 月初～7 月中旬，大棚内温度在 18～40℃)营养液的加入频次为 15 天/次，中药废水为 20 天/次，每个水槽的加入量均为 4L/次，同时，每天不间断供应自来水，确保系统持续保持适宜的水量，以补充系统内的植物蒸发和蒸腾损失。其中，15 个水槽中的植物分别加入同一制剂批次的第一、第二、第三、第四次洗罐废水(中药废水浓度从高到低，其水质指标如表 6.1)进行污染胁迫培养，每个浓度重复 3 次(即对应 3 个水槽)，对照(即不加中药废水)也 3 次重复。

表 6.1　实验用中药废水的水质指标

检测项目	含量/($mg \cdot L^{-1}$)			
	第一次洗罐水	第二次洗罐水	第三次洗罐水	第四次洗罐水
COD_{Cr}	4000～4200	1800～2100	800～900	200～300
SS	1500～1600	700～800	300～400	100～200
NH_3-N	140～150	60～70	30～40	15～20
pH	7.0～7.5	7.0～7.5	6.5～7.0	6.0～7.0

6.1.2　样品采集与生理生化指标的测定

于 2013 年 7 月中旬，取相同部位、长势和大小一致的再力花与茭白的叶片，根取自基部，每个水槽重复 3 次，用于测定再力花的生理生化指标。其中，再力花与茭白的叶片的叶绿素、维生素 C(Vitc)、脯氨酸(Pro)、超氧阴离子自由基、谷胱甘肽(GSH)、丙二醛(MDA)含量、超氧化物歧化酶(SOD)、过氧化物酶(POD)、过氧化氢酶(CAT)、苯丙氨酸解氨酶(PAL)活性，以及根系活力等生理生化指标的测定均采用《植物生理学实验指导》中的方法(高俊凤，2012)。

6.1.3　统计分析

所得数据用 SPSS 16.0 软件进行数据统计分析。其中，差异显著性用 Tukey

检验，统计显著性水平 α=0.05，且所有数据以均值±标准误(SE)表示。

6.2 结果与分析

6.2.1 再力花对中药废水的生理生化响应

1. 中药废水胁迫对再力花叶片叶绿素含量的影响

再力花叶片叶绿素 a、叶绿素 b 含量与总量均随中药废水胁迫浓度的增加而显著降低，且各处理间差异性表现不同(表 6.2)，而对叶绿素 a/b 影响不显著(P >0.05)。其中，中药废水处理对叶绿素 a 的影响大于叶绿素 b，表明叶绿素 a 对中药废水胁迫敏感。同时，叶绿素含量与中药废水浓度之间呈显著负相关，叶绿素 a、叶绿素 b、叶绿素总量相关系数分别为：−0.9615*、−0.9225*、−0.9368*(* 表示 $P<0.05$)。在中药废水为最高胁迫浓度(第一次洗罐水，废水浓度最高，下同)时，再力花叶片叶绿素 a、叶绿素 b、叶绿素总量分别只有对照的 37.13%、17.85% 和 26.30%，此时外部形态也发生了明显变化，表现为植株变矮、叶片黄化等现象。

表 6.2 中药废水对再力花叶片叶绿素含量的影响

处理	叶绿素 a ($mg \cdot g^{-1}$ FW)	叶绿素 b ($mg \cdot g^{-1}$ FW)	叶绿素 a+b ($mg \cdot g^{-1}$ FW)	叶绿素 a/b
对照	2.64±0.27 a (100.00)	2.92±0.89 a (100.00)	6.02±0.70 a (100.00)	0.78±0.44 bc (100.00)
第四次洗罐水	1.53±0.47 c (57.82)	0.71±0.10 c (86.41)	4.45±0.46 b (73.88)	0.52±0.26 c (66.67)
第三次洗罐水	1.23±0.10 cd (46.42)	0.65±0.20 c (20.91)	1.93±0.20 c (32.10)	1.73±0.58 a (221.79)
第二次洗罐水	1.85±0.30 b (70.22)	1.45±0.40 b (43.01)	2.00±0.90 c (33.21)	1.28±0.16 b (164.10)
第一次洗罐水	0.98±0.14 d (37.13)	0.60±0.16 c (17.85)	1.58±0.30 d (26.30)	1.62±0.23 ab (207.69)

2. 中药废水胁迫对再力花超氧阴离子自由基含量、SOD、POD、PAL 和 CAT 活性的影响

再力花叶片中超氧阴离子自由基含量随废水浓度的增加而先降后增(表 6.3)，与对照相比，前 2 个处理(第三、第四次洗罐水，中药废水浓度较低，下同)中超氧阴离子自由基含量是略有降低的，而后 2 个处理(第一、二洗罐水，中药废水

浓度较高，下同)是显著增加的。在中药废水胁迫增加的情况下，再力花过氧化物酶(POD)、过氧化氢酶(CAT)的活性均显著降低($P<0.05$，最低值为对照的24.97%，表6.3)，而超氧化物歧化酶解氨酶(SOD)显著增加($P<0.05$，最高值为对照的169.38%)；再力花叶片中苯丙氨酸解氨酶(PAL)含量随废水浓度的增加而先增后降，与对照相比，前2个处理中，PAL含量是增加的，而后2个处理是显著下降的(表6.3)。

表6.3 中药废水对再力花叶片超氧阴离子自由基含量与SOD、POD、PAL、CAT活性的影响

处理	超氧阴离子自由基 /($\mu g \cdot g^{-1}$ FW)	超氧化物歧化酶(SOD) /($U \cdot min^{-1} \cdot g^{-1}$ FW)	过氧化物酶(POD) /($mg \cdot g^{-1} \cdot min^{-1}$FW)	过氧化氢酶(CAT) /($mg \cdot H_2O_2 \cdot g^{-1} \cdot min^{-1}$ FW)	苯丙氨酸解氨酶(PAL) /($U \cdot mg^{-1} \cdot h^{-1}$FW)
对照	19.91±0.18 ab (100)	8.91±0.31 c (100.00)	0.42±0.05 b (100.00)	131.65±11.85 a (100.00)	1.97±0.43 b (100.00)
第四次洗罐水	17.10±0.38 b (85.91)	11.04±1.20 b (123.87)	0.26±0.03 c (62.25)	46.45±23.58 cd (35.29)	4.00±0.21 a (203.28)
第三次洗罐水	17.11±0.38 b (85.96)	15.09±2.17 a (169.38)	0.32±0.02 a (76.19)	31.53±5.43 d (23.95)	2.41±0.01 b (122.35)
第二次洗罐水	26.49±0.39 a (133.06)	13.24±0.31ab (148.57)	0.23±0.03 c (55.15)	90.78±9.69 b (68.95)	1.40±0.54 c (70.95)
第一次洗罐水	26.54±0.19 a (133.31)	12.14±2.81 b (136.27)	0.26±0.04 c (61.15)	56.15±30.89 c (42.65)	1.22±0.48 c (61.92)

3. 中药废水胁迫对再力花根系活力与叶片VitC、GSH、MDA、Pro含量的影响

在中药废水胁迫增加的情况下，再力花根系活力，以及维生素C、丙二醛、脯氨酸的含量均显著降低($P<0.05$)，而谷胱甘肽含量显著增加($P<0.05$，表6.4)。

表6.4 中药废水对再力花根系活力与叶片VitC、GSH、MDA、Pro含量的影响

处理	根系活力 /($g \cdot g^{-1} \cdot h^{-1}$ FW)	维生素C(VitC) /($mg \cdot 100g^{-1}$ FW)	谷胱甘肽(GSH) /($\mu g \cdot g^{-1}$ FW)	丙二醛(MDA) /($U \cdot g^{-1} \cdot h^{-1}$ FW)	脯氨酸(Pro) /(% FW)
对照	1.47±0.03 a (100.00)	48.52±1.28 a (100.00)	121.42±3.01 c (100.00)	12.82±0.08 a (100.00)	0.11±0.08 a (100.00)
第四次洗罐水	1.05±0.01 b (71.70)	29.95±1.02 b (61.74)	155.71±3.07 b (128.24)	3.39±0.04 cd (18.61)	0.04±0.04 c (38.39)
第三次洗罐水	0.45±0.04 c (30.27)	10.34±0.85 bc (21.31)	190.94±5.29 a (157.26)	2.73±0.03 d (21.28)	0.08±0.05 b (71.33)
第二次洗罐水	1.00±0.02 b (67.96)	9.15±0.98 c (18.85)	126.61±4.15 c (104.27)	4.77±0.01 c (37.21)	0.05±0.03 c (42.88)
第一次洗罐水	0.37±0.01 c (24.97)	10.24±1.12 c (21.10)	191.22±2.08 a (157.49)	6.44±0.06 b (50.22)	0.09±0.09 b (78.84)

6.2.2 茭白对中药废水的生理生化响应

1. 对茭白叶片叶绿素含量的影响

从表 6.5 可知，随着中药废水胁迫浓度的增加，茭白叶片叶绿素 a、叶绿素 b、叶绿素总量含量显著降低，并且各处理间总体上差异显著（$P < 0.05$），而对叶绿素 a/b 影响不显著($P > 0.05$)，且叶绿素 a/b 为 2.0 左右。其中，中药废水处理对叶绿素 b 含量的影响大于叶绿素 a，表明叶绿素 b 对中药废水胁迫敏感。同时，叶绿素含量与中药废水浓度之间呈显著负相关，叶绿素 a、叶绿素 b、叶绿素总量相关系数分别为：-0.9302^*、-0.9434^*、-0.9352^* (*表示 $P < 0.05$)。在最小中药废水(第四次洗罐水)胁迫浓度 100 $mg \cdot kg^{-1}$ 时，茭白叶片叶绿素 a、叶绿素 b、叶绿素总量分别为对照的 88.14%、91.92% 和 89.44%，但在最大中药废水(第一次洗罐水)胁迫浓度 400 $mg \cdot kg^{-1}$ 时，分别为对照的 9.33%、8.32 和 8.99%，并且外部形态也发生了明显变化，表现为植株变矮，叶片变小、变窄，叶色变淡，甚至出现叶片黄化和凋亡现象。

表 6.5 不同浓度中药废水对茭白叶片叶绿素含量的影响

处理	叶绿素 a /($mg \cdot g^{-1}$ FW)	叶绿素 b /($mg \cdot g^{-1}$ FW)	叶绿素 a+b /($mg \cdot g^{-1}$ FW)	叶绿素 a/b
对照	4.01±0.82 a (100.00)	2.10±0.33 a (100.00)	6.11±0.66 a (100.00)	1.91±0.34 ab (100.00)
第四次洗罐水	3.54±0.72 b (88.14)	1.93±0.23 a (91.92)	5.47±0.50 b (89.44)	1.83±0.28 ab (95.94)
第三次洗罐水	1.00±0.08 c (24.90)	0.65±0.20 b (31.05)	1.65±0.28 c (27.02)	1.75±0.54 b (91.56)
第二次洗罐水	1.18±0.01 c (29.33)	0.67±0.03 b (32.03)	1.85±0.04 c (30.26)	1.75±0.06 b (91.74)
第一次洗罐水	0.37±0.05 d (9.33)	0.18±0.03 c (8.32)	0.55±0.03 d (8.99)	2.18±0.03 a (114.18)

2. 对茭白叶片蛋白质、糖、淀粉、纤维素、硝态氮含量的影响

随着中药废水胁迫浓度的增加，茭白叶片可溶性蛋白质含量呈先增后降的趋势，各处理间总体上差异显著（ $P < 0.05$）；同时，在低浓度时显著升高，分别增加了 33.84%与 67.94%；在中药废水高浓度时可溶性蛋白质含量显著下降，分别比对照降低了 34.%%、46.73%(表 6.6)；茭白叶片还原糖含量呈先降后增的趋势，各处理间总体上差异显著($P < 0.05$)；同时，在中药废水高浓度时还原糖含量增加，比对照增加约 18%(表 6.6)；茭白叶片可溶性总糖含量呈先增后降的趋势，各处理

间总体上差异显著($P < 0.05$)；同时，4 个浓度处理下，总糖含量变化对应表现为增加 36.15%、降低 56.63%、降低 63.25%、降低 18.67%(表 6.6)。

表 6.6 不同浓度中药废水对茭白叶片蛋白质、糖、淀粉、纤维素、硝态氮含量的影响

处理	可溶性蛋白质 /(mg·g^{-1} FW)	还原糖 /(mg·g^{-1} FW)	总糖 /(mg·g^{-1} FW)	淀粉 /(mg·g^{-1} FW)	纤维素 /(mg·g^{-1} FW)	硝态氮 /(μg·g^{-1} FW)
对照	30.32±1.02 c (100.00)	1.75±0.42 b (100.00)	1.66±0.18 b (100.00)	1.95±0.03 c (100.00)	1.93 ±0.06 b (100.00)	734.97±54.18 e (100.00)
第四次洗罐水	40.58±2.34 b (133.84)	1.56±0.31 c (89.14)	2.26±0.24 a (136.15)	3.17±0.01 b (162.56)	2.87±0.01 a (148.70)	971.63±76.85 d (124.85)
第三次洗罐水	50.92±2.19 a (167.94)	1.89±0.10 ab (108.00)	0.72±0.07 d (43.37)	3.82±0.01 a (195.90)	1.72±0.09 c (89.12)	1485.49±102.69 c (202.12)
第二次洗罐水	16.15±0.68 d (53.27)	2.08±0.10 a (118.86)	0.61±0.27 d (36.75)	2.80±0.04 bc (143.59)	2.02±0.05 ab (104.66)	2943.84±274.23 b (400.54)
第一次洗罐水	20.01±0.67 cd (66.00)	2.07±0.03 a (118.29)	1.35±0.24 c (81.33)	1.63±0.02 d (83.59)	2.10±0.04 ab (108.81)	4371.38±324.76 a (594.77)

在中药废水胁迫浓度前 3 个浓度，茭白叶片淀粉含量相对于对照都有不同程度的增加，分别为 62.56%、95.90%、43.59%，但在最高浓度胁迫时，淀粉含量有所下降，为 16.41%(表 6.6)。随着中药废水胁迫浓度的增加，茭白叶片纤维素含量呈先增后降再增的趋势，各处理间总体上差异显著($P < 0.05$)；同时，4 个浓度递度处理下，纤维素含量变化对应表现为增加 48.70%、降低 10.88%，随后分别增加 4.66%、8.81%(表 6.6)；茭白叶片中硝酸盐含量呈上升趋势(表 6.6)。与对照相比，各种处理下，硝酸盐含量均显著升高，分别增加 24.85%、102.12%、300.54%、494.77%。

3. 对茭白叶片超氧阴离子自由基、维生素 C、谷胱甘肽、丙二醛的含量及超氧化物歧化酶活性的影响

逆境条件下植物组织内超氧阴离子自由基的产生显著增加，与维生素 C、谷胱甘肽、丙二醛含量、超氧化物歧化酶活性等均有显著的相关性(晏斌等，1995)。随着中药废水处理浓度的增加，茭白叶片中超氧阴离子自由基含量呈先增后降的趋势(表 6.7)。与对照相比，前 3 个处理浓度时超氧阴离子自由基含量是增加的，尤其是在第 3 个处理时，超氧阴离子自由基含量显著增加，增加了 392.98%，而在最高浓度处理时超氧阴离子自由基含量显著下降；茭白叶片还原型维生素 C 含量相对于对照处理均显著增加，各处理间总体上差异显著($P < 0.05$)；同时，4 个浓度递度处理下，维生素 C 含量对应表现为分别增加 49.93%、220.68%、267.03%、

119.63%(表 6.7)；茭白叶片中谷胱甘肽含量呈先增后降的趋势(表 6.7)。与对照相比，后 3 个处理浓度时谷胱甘肽含量显著增加，而在第 1 个处理时谷胱甘肽含量略有增加。同时，第 2 个、第 3 个处理时，谷胱甘肽含量增加量分别达到 331.46%、307.77%。

表 6.7　中药废水对茭白叶片超氧阴离子自由基、VitC、GSH、MDA、SOD 活性的影响

处理	超氧阴离子自由基 /(μg·g^{-1} FW)	维生素 C(Vitc) /(mg·100g^{-1} FW)	谷胱甘肽(GSH) /(μg·g^{-1} FW)	丙二醛(MDA) /(U·g^{-1}·h^{-1} FW)	超氧化物歧化酶(SOD) /(U·min^{-1}·g^{-1} FW)
对照	8.55±0.34 c (100)	30.66±2.84 d (100.00)	7.85±0.45 c (100.00)	1.13±0.07 b (100.00)	13.12±1.03 c (100.00)
第四次洗罐水	11.45±0.13 b (133.92)	45.97±2.13 c (149.93)	8.21±0.51 c (104.59)	3.58±0.02 a (316.81)	17.08±1.24 ab (130.18)
第三次洗罐水	42.15±0.59 a (492.98)	98.32±3.45 ab (320.68)	33.87±1.03 a (431.46)	3.47±0.15 a (307.08)	11.34±1.37 d (86.43)
第二次洗罐水	11.089±0.57 b (129.70)	112.53±6.57 a (367.03)	32.01±0.32 a (407.77)	1.44±0.16 ab (127.43)	18.44±0.61a (140.55)
第一次洗罐水	3.79±0.26 d (44.33)	67.34±3.02 b (219.63)	18.23±0.51 b (232.23)	1.65±0.09 ab (146.02)	17.00±1.80 ab (129.57)

随着中药废水处理浓度的增加，茭白叶片中丙二醛含量呈先增后降的趋势(表 6.7)。与对照相比，前 2 个处理浓度时丙二醛含量显著增加，分别增加 216.81%、207.08%；而后 2 个处理略有增加，但不显著。SOD 活性随着中药废水处理浓度的增加均呈先升高后降低，然后再升高的趋势。其中，SOD 在第 2 个处理浓度时活性最低，相对于对照活性均显著地下降。

4. 对茭白根系活力与叶片 Pro 含量、POD、PAL、CAT 活性的影响

植物根系是植物最重要的营养器官之一，根系活力是衡量植物生长好坏的重要生理指标。研究结果表明，随着中药废水处理浓度的增加，茭白根系活力先增加后降低(表 6.8)，其中在第 3 个处理时达到最大，增加量达到 213.37%，同时在第 4 个处理时茭白根系活力有所下降，但仍强于对照。随着中药废水处理浓度的增加，茭白叶片中游离脯氨酸呈含量先增后降的趋势(表 6.8)。与对照相比，前 3 个处理浓度时 Pro 含量是增加的，而在最高浓度处理时 Pro 含量显著下降。

表 6.8 不同浓度中药废水对茭白根系活力与
Pro 含量、POD、PAL、CAT 活性的影响

处理	根系活力 /($g·g^{-1}·h^{-1}$ FW)	脯氨酸(Pro) /(% FW)	过氧化物酶(POD) /($mg·g^{-1}·min^{-1}$ FW)	过氧化氢酶(CAT) /($mgH_2O_2·g^{-1}·min^{-1}$ FW)	苯丙氨酸(PAL) /($U·mg^{-1}·h^{-1}$ FW)
对照	1.02±0.12 c (100.00)	0.043±0.02 b (100.00)	1.24±0.06 b (100.00)	85.35±19.86 c (100.00)	0.98±0.02 b (100.00)
第四次洗罐水	1.47±0.16 b (144.12)	0.065±0.02 a (151.16)	1.56±0.04 a (125.81)	92.41±23.17 bc (110.87)	1.65±0.03 a (168.37)
第三次洗罐水	1.68±0.15 b (164.71)	0.057±0.03 ab (132.56)	1.07±0.01 c (86.29)	129.65±71.05 b (155.56)	0.56±0.03 c (57.14)
第二次洗罐水	3.38±0.22 a (313.37)	0.055±0.03 ab (127.91)	1.47±0.05 a (118.55)	77.27±30.99 d (92.71)	0.31±0.04 d (31.63)
第一次洗罐水	1.17±0.13 c (114.71)	0.033±0.02 c (76.74)	1.37±0.25 ab (110.48)	193.85±20.42 a (232.57)	1.40±0.01 ab (142.86)

POD、CAT 是植物体内清除活性氧重要的细胞保护酶类，其活性高低可以反映植物对逆境胁迫的适应能力(邹清成等，2011)，同时 PAL 活性也可以作为植物抗逆境能力的一个生理指标(江昌俊和余有本，2001)。POD、CAT、PAL 活性随着中药废水处理浓度的增加均呈先升高后降低，然后再升高的趋势(表 6.8)。其中，POD 活性在第 2 个处理浓度时活性最低，CAT 活性在第 3 个处理时最低，均与对照相比略有下降；而 PAL 在第 3 个处理浓度时活性最低，相对于对照活性显著下降。

6.2.3 菖蒲对中药废水的生理生化响应

1. 对菖蒲叶绿素含量的影响

随着中药废水胁迫浓度的升高，菖蒲叶绿素 a、叶绿素 b 含量与总量均显著降低，且各处理间总体上差异显著($P<0.05$，表 6.9)。其中，中药废水处理对叶绿素 a、叶绿素 b 的影响差异不显著($P>0.05$，表 6.9)，表明叶绿素 a、叶绿素 b 对中药废水胁迫敏感程度相近。同时，叶绿素含量与中药废水浓度之间呈显著负相关，叶绿素 a、叶绿素 b、叶绿素总量相关系数分别为：-0.9314^*、-0.9326^*、-0.9466^* (*表示 $P<0.05$)。在中药废水为最高胁迫浓度(第一次洗罐水，废水浓度最高，下同)时，叶绿素 b、叶绿素总量分别只有对照的 16.02%、19.36%，而叶绿素 a 在第二次洗罐水时最低，仅为对照的 23.36%，在此时植物外部形态也发生了明显变化(如植株变矮、叶片黄化等)。

表 6.9　不同浓度中药废水对菖蒲叶片叶绿素含量的影响

处理	叶绿素 a /($mg \cdot g^{-1}$ FW)	叶绿素 b /($mg \cdot g^{-1}$ FW)	叶绿素 a+b /($mg \cdot g^{-1}$ FW)
对照	2.14±0.38 a (100)	2.56±0.84 a (100)	4.70±0.72 a (100)
第四次洗罐水	1.71±0.21 b (79.91)	2.01±0.82 b (78.52)	3.72±0.56 b (79.15)
第三次洗罐水	1.52±0.10 bc (71.03)	0.84±0.08 c (32.81)	2.36±0.15 c (50.21)
第二次洗罐水	0.50±0.15 d (23.36)	0.77±0.01 c (30.08)	1.63±0.14 d (34.68)
第一次洗罐水	0.86±0.29 c (40.19)	0.41±0.19 d (16.02)	0.91±0.18 e (19.36)

2. 对菖蒲根系活力的影响

植物根系是植物生长最重要的营养器官之一，根的生长情况和活力水平直接决定着植物生长的好坏。本研究表明，随着中药废水处理浓度的增加，菖蒲根系活力先增加后降低(图 6.1)，其中在第 1 个处理(即用第四次洗罐水胁迫时)时达到最大(为对照的 170.10%)，而在第 3 个、第 4 个处理时比对照有所下降。

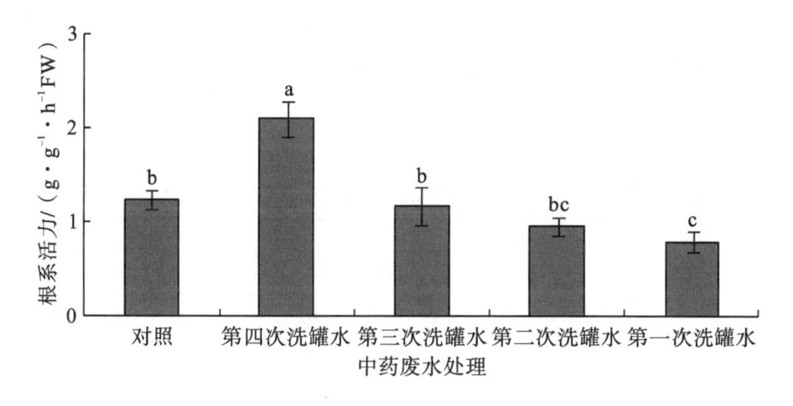

图 6.1　中药废水对菖蒲根系活力的影响

3. 对菖蒲叶片丙二醛、脯氨酸和可溶性糖含量的影响

丙二醛(MDA)含量通常可以作为膜脂过氧化程度的指标，用于表示细胞脂过氧化强度和植物对逆境条件反应的强弱。从表 6.10 可知，菖蒲 MDA 含量随着中药废水处理浓度的增加是先增加后降低的，且 4 个处理均比对照显著增加。脯氨酸(Pro)和可溶性糖是植物体内主要的渗透调节物质。本研究表明，菖蒲脯氨酸含量随着中药废水处理浓度的增加是显著下降的，而可溶性糖含量是显著增加的，

且 4 个处理的可溶性糖含量是对照的 2～3 倍(表 6.10)。

表 6.10　不同浓度中药废水对菖蒲丙二醛、脯氨酸、可溶性糖含量的影响

处理	丙二醛/(U·g^{-1}·h^{-1} FW)	脯氨酸/(% FW)	可溶性糖/(mg·g^{-1} FW)
对照	1.51±0.01 d(100)	0.22±0.09 a(100)	0.45±0.06 c(100)
第四次洗罐水	5.07±0.13 a(336.01)	0.20±0.04 a(91.54)	1.08±0.01 b(239.38)
第三次洗罐水	3.06±0.18 b(202.87)	0.04±0.01 c(15.98)	1.01±0.01 b(225.32)
第二次洗罐水	2.11±0.06 c(139.95)	0.12±0.08 b(54.65)	1.22±0.03 a(271.60)
第一次洗罐水	2.80±0.01 bc(185.33)	0.03±0.01 c(15.73)	1.24±0.09 a(274.69)

4. 对菖蒲叶片 SOD、POD 和 CAT 活性的影响

植物体内存在着由超氧化物歧化酶(SOD)、过氧化物酶(POD)、过氧化氢酶(CAT)等组成的活性氧清除系统，它们能协同作用，防御活性氧和其他过氧化物自由基对膜系统的伤害(王保义等，2006；Camp et al.，1996)。由表 6.11 可知，随着中药废水浓度的增加，菖蒲 SOD 活性呈显著下降趋势，且 4 个处理均显著低于对照，仅为对照的 55%～75%；POD 活性随着废水浓度的增加而显著增加，但在第 1 个与第 2 个处理时与对照没有显著差异，第 3 个、第 4 个处理时 POD 活性是对照的 2～3 倍；CAT 活性随着废水浓度增加而显著降低，且 4 个处理的 CAT 活性均为对照的 30%左右。

表 6.11　不同浓度中药废水对菖蒲叶片 SOD、POD 和 CAT 活性的影响

处理	超氧化物歧化酶(SOD)/(U·min^{-1}·g^{-1} FW)	过氧化物酶(POD)/(mg·g^{-1}·min^{-1} FW)	过氧化氢酶(CAT)/(mgH_2O_2·g^{-1}·min^{-1} FW)
对照	16.70±2.49 a (100)	0.17±0.02 c (100)	56.43±10.91 a (100)
第四次洗罐水	12.50±2.20 b (74.85)	0.16±0.06 c (94.12)	19.12±3.63 b (33.88)
第三次洗罐水	12.50±2.65 b (74.85)	0.15±0.02 c (88.24)	17.95±8.62 c (31.81)
第二次洗罐水	9.23±0.91d (55.25)	0.43±0.03 b (252.94)	17.36±2.28 c (30.76)
第一次洗罐水	11.35±1.78 c (67.94)	0.52±0.14 a (305.88)	15.28±4.51 d (27.08)

6.3　讨　　论

6.3.1　再力花对中药废水的生理生化响应分析

植物叶绿素含量变化是叶片生理生化活性变化的重要指标之一，与光合作用大小密切相关。本研究发现，中药废水胁迫下再力花叶片叶绿素 a、叶绿素 b 叶绿素含量与总量均显著下降(表 6.2)，其原因可能有两个方面：一是废水胁迫使植物叶绿素生物合成减少，降低了叶绿素的生成量；二是废水胁迫下植物体内氧自由基含量上升，从而活性氧氧化作用加强，最后破坏叶绿素。本研究发现中药废水处理对叶绿素 a 的影响大于叶绿素 b，从而表明中药废水胁迫下叶绿素 a 含量降低可能是导致再力花叶绿素含量下降的主要原因(王爱云和黄姗姗，2010)。同时，在光合作用过程中，叶绿素 b 主要进行光能的收集，而叶绿素 a 主要负责光能转化，因此，中药废水胁迫可能会影响再力花光能的转化过程(王爱云等，2012)。

由于超氧阴离子的累积，导致叶绿素和蛋白质降解，而在植物体内也存在着清除自由基的酶系统(如 SOD、CAT、POD 等)，对防止叶片衰老和强光等逆境的胁迫起着重要的保护作用(吴荣生等，1993)。超氧化物歧化酶(SOD)是植物体内清除和减少破坏性氧自由基的保护酶，其活性大小常被用作植株抗氧化能力强弱的指标(Becan et al.，2000)。本书研究表明，再力花叶片中超氧阴离子自由基含量在前 2 个处理中相对于对照是有所降低的，可能是由于 SOD 活性显著增加抑制了超氧阴离子自由基的活性，能及时清除超氧阴离子自由基；随着中药废水胁迫浓度的增加(在后 2 个处理中)，尽管 SOD 活性的增加能清除部分超氧阴离子自由基，但是此浓度下的废水胁迫对植物产生的毒害作用使超氧阴离子自由基快速增加，最后导致超氧阴离子自由基含量显著升高(表 6.3)。同时，中药废水胁迫下再力花过氧化物酶(POD)、过氧化氢酶(CAT)活性均显著降低(表 6.4)，说明再力花其体内多种功能膜及酶活性已受到不同程度的破坏，未能有效解除细胞内有害的自由基以保护细胞膜结构，从而使再力花不能及时清除体内多余的活性氧。

在中药废水胁迫下再力花根系活力、丙二醛、脯氨酸含量均显著降低，这可能是由于再力花未能够启动根系活力与脯氨酸含量累积机制来增强对中药废水胁迫的抗逆性；同时，丙二醛含量下降可能是由于再力花在废水胁迫下细胞膜系统并未受到较大的破坏，细胞膜脂过氧化作用较小。维生素 C 对于植物抗氧化作用、光合保护以及调节生长发育等都具有非常重要的作用。有研究表明，随着盐浓度的增加，盐芥所含维生素 C 含量相应降低(宋晓峰，2009)。同样，本书研究也表明，在中药废水胁迫下再力花叶片维生素 C 含量也显著下降(表 6.3)。

本研究表明，中药废水胁迫使谷胱甘肽含量显著增加，能有效清除再力花体内的自由基，从而减轻毒害，使植物防御能力增强(Zetterstom et al.，2006)。苯丙氨酸解氨酶(PAL)是一种诱导酶，许多环境条件及植物激素对 PAL 活性有不同程度的影响。本书中 PAL 含量随中药废水胁迫浓度的增加而先增后降(表 6.4)，其原因可能是：再力花在遭受逆境时，其防御系统特别是苯丙烷类代谢开始被激活，促使 PAL 活性上升以产生较多植保素、木质素等来减少植物所受的伤害(曾永三和王振中，1999)。当合成较多次生物质后，它们也会反馈抑制 PAL 活性，以免消耗养分，并防止次生物质过度积累产生毒害。

6.3.2 茭白对中药废水的生理生化响应分析

叶绿素是植物光合作用的主要色素，其含量的高低在一定程度上反映了光合作用的强弱，标志着植物生长的能力。在中药废水胁迫下，茭白叶片叶绿素含量均有不同程度的下降，并且叶绿素含量与营养液中添加的外源中药废水浓度之间呈现显著负相关(表 6.5)。在中药废水胁迫条件下，叶绿素 b 含量降低是导致茭白叶绿素含量下降的主要原因(王爱云和黄姗姗，2010)。在光合作用过程中，叶绿素 b 主要进行光能的收集，而叶绿素 a 主要负责光能转化，因此，中药废水胁迫导致茭白对光能的利用效率降低。植物为了避免胁迫造成的伤害，会诱导产生一些抗逆蛋白质，这些新增加的蛋白质的种类和含量与植物的抗性密切相关(吴志华等，2004；罗群等，2006)。本研究表明，在中药废水胁迫下茭白叶片可溶性蛋白质含量发生显著变化，也充分说明了中药废水在低浓度时能诱导新的蛋白质生产以抵抗中药废水的胁迫，而在高浓度时蛋白质分解加快，合成受到抑制。

碳代谢是植物最基本的代谢过程，其在植物生育期间的变化直接影响光合产物的形成、转化等(黄树永和陈良存，2005)，同时在碳素营养中，营养物质主要是蔗糖和淀粉。本研究发现，中药废水胁迫下茭白叶片还原糖、可溶性总糖、淀粉和纤维素含量有不同的变化，而且其含量变化可能与光合作用及产量密切相关，同时其含量高低与植物体内碳水化合物(糖类)的合成、运输和利用情况有关(宋柏权等，2009)。本实验结果表明，中药废水处理浓度的增加，茭白叶片中硝酸盐含量呈上升趋势，其可能是中药废水破坏了硝酸还原酶(NR)的活性中心，从而影响硝酸盐向亚硝酸盐的还原效率，使硝酸盐在植物体内累积。

本研究发现，茭白叶片中超氧阴离子自由基含量显著增加，说明茭白在中药废水胁迫下植物体内清除超氧阴离子自由基的能力显著下降，可能会对茭白产生伤害作用。然而，这些伤害作用可能会通过维生素 C、谷胱甘肽、丙二醛、超氧化物歧化酶活性水平来调节，以减轻其伤害程度(晏斌等，1995)。维生素 C 是维持人体生理机能需要的重要营养素，也是人体需要量最大的一种维生素。因而，维生素C含量是评价植物营养价值的重要指标之一(范树国等，2009)。本研究表明茭白维生素C含量相对于对照均显著增加，可能是由于中药废水中的有机污染物促进茭白维生素C合成的相关酶的活性，促进维生素C合成增加，降解减少，其总量增加，也说明了茭白在中药废水胁迫下其营养价值显著增加。还原型GSH是植物中含量最丰富的含巯基的低分子肽(胡文琴等，2004)，为机体内的重要活性物质，参与二硫化物、硫醚和硫酯的形成，并能清除生物体内的自由基，从而解除毒害(Zettersrom et al.，2006)。本研究表明，茭白在中药废水胁迫下GSH水平显著增加，使植物防御能力增强。

丙二醛(MDA)是膜脂过氧化的重要产物，通常利用它作为膜脂过氧化指标，其含量的变化可反映逆境条件下膜系统受伤害的程度(邓仕槐等，2007)。本书中MDA 增加显示了茭白在中药废水污染胁迫下，细胞膜系统已遭受大的破坏，细胞膜脂过氧化作用较强。超氧化物歧化酶(SOD)是植物体内清除和减少破坏性氧自由基的保护酶，其活性大小常被用作衡量植株抗氧化能力强弱的指标(Becana，2000)。本实验结果表明，中药废水胁迫下，SOD 活性的增加是植物应激产生的保护作用，歧化活性氧自由基，降低膜脂过氧化反应，因此有可能使得低浓度中药废水处理下的 MDA 含量反而低于对照处理；而 SOD 活性的下降乃至受到抑制则是植物受到中药废水毒害的反应，此时 MDA 含量明显增加，即茭白 SOD 活性存在一个中药废水胁迫浓度的阈值。

根系活力在中药废水胁迫下先增后降，根系活力上升有利于茭白抵抗胁迫条件带来的危害，增加抗氧化能力，是对胁迫条件的一种积极反应。同时，在前3个处理的胁迫下茭白根系活力仍然维持在一个较高水平，这说明茭白对中药废水胁迫具有较强的耐受性。前3个处理浓度时茭白叶片中脯氨酸含量增加，表明在受到中药废水胁迫时游离脯氨酸会大量积累，以增加植物逆境的抗性。然而，在最高浓度处理时脯氨酸含量显著下降，说明此时不利于茭白抵抗中药废水的胁迫，可能会增加中药废水对茭白的伤害程度(柳玲等，2010)。POD、CAT、PAL 活性随着中药废水处理浓度的增加总体上呈上升趋势，说明茭白其体内多种功能膜及酶活性未受到严重的破坏，协同解除细胞内有害的自由基以保护细胞膜结构，从而在一定程度上使茭白适应中药废水污染的环境。

6.3.3 菖蒲对中药废水的生理生化响应分析

叶绿素是光合作用的主要色素，其含量的高低在一定程度上反映了植物光合作用的强弱，标志着植物生长的能力(王爱云等，2012)。本实验中，菖蒲叶绿素a、叶绿素b叶绿素含量与总量均随着中药废水胁迫浓度的升高而显著下降，且4个处理均小于对照，这说明中药废水胁迫能够导致菖蒲光合作用减弱，使其生长受抑制，最终使得其生物量下降，也说明菖蒲对中药废水比较敏感。同时，本研究也表明叶绿素 a、b 对中药废水胁迫的敏感程度接近，因而导致叶绿素含量下降的原因还有待验证。

根系活力是衡量植物生长好坏的重要生理指标，根系活力上升有利于菖蒲抵抗中药废水胁迫处理带来的危害，增加抗氧化能力，是对胁迫条件的一种积极反应(邓仕槐等，2007)。本实验中，菖蒲根系活力在低中药废水胁迫时显著增加，说明此时菖蒲对中药废水有较强的净化能力；而随着废水浓度的升高，根系活力有所下降，表明此时菖蒲对中药废水的净化作用受到抑制。

丙二醛(MDA)是一种高活性的膜脂过氧化的产物，组织中 MDA 含量的多少是反映组织细胞膜损伤程度的灵敏指标，逆境引起组织中 MDA 含量的增加量与细胞膜损伤程度呈正相关，而叶绿素含量与 MDA 含量呈显著负相关(严明理等，2009)。本研究也获得了同样的结论，即菖蒲 MDA 含量在中药废水胁迫下显著上升，表现出明显的抑制作用，而叶绿素含量是显著降低的。这可能是由于 MDA 为高活性的脂过氧化物，通过交联脂类、核酸、糖类及蛋白质可影响质膜和叶绿体片层膜的结构和功能，影响膜的流动性及其与酶的结合力，从而影响叶绿素含量(徐振柱等，1997)。

可溶性糖与脯氨酸作为植物重要的渗透调节物质，其积累量的增加是对逆境胁迫的一种积极适应(柳玲等，2010)。本研究中，在中药废水胁迫下，菖蒲脯氨酸含量显著下降，可能是由于菖蒲未能启动脯氨酸含量的积累机制来增强对中药废水的抗逆性，在一定程度上增加了对菖蒲的伤害程度。然而，菖蒲可溶性糖含量在中药废水胁迫下是显著增加的，这说明了菖蒲可能主要是通过可溶性糖的增加来协调植物体内渗透调节物质的总量，以增强对中药废水的抗逆性，并中和因脯氨酸含量下降而带来的伤害。

SOD 可清除植物体内有害的活性氧，可减轻超氧负离子的毒性(王爱国和罗光华，2000)。本研究发现，菖蒲 SOD 活性在中药废水胁迫下表现出显著下降的趋势。同时，CAT 可清除植物体内产生的 H_2O_2(张昌存和高洁，2011)，本研究中菖蒲 CAT 活性在中药废水胁迫下也是显著下降的。研究结果表明，菖蒲 SOD、CAT 的活性在中药废水胁迫下均受到严重的抑制。POD 可催化 SOD 歧化反应产物的氧化分解，以清除 H_2O_2，也是一种对环境因子比较敏感的酶(张治安等，2005)。本研究中也发现，POD 活性变化较大，且在中药废水胁迫浓度高时 POD 活性维持在较高的水平(为对照的 2～3 倍)，增幅较大，这说明 POD 是菖蒲应对中药废水胁迫，清除 H_2O_2 的关键酶。因而，菖蒲植物体内抗氧化酶系统中的 3 种酶可能通过协同作用，以维持体内超氧负离子的生产与清除的平衡，以保护菖蒲膜系统的正常功能。

参考文献

陈永华，吴晓芙，蒋丽鹃，等. 2006. 处理生活污水湿地植物的筛选与净化潜力评价. 环境科学学报，28(8)：8.

邓仕槐，肖德林，李宏娟，等. 2007. 畜禽废水胁迫对芦苇生理特性的影响. 农业环境科学学报，26(4)：1370-1374.

范树国，魏朔，邱璐，等. 2009. 5种常见野菜维生素C含量的测定. 江苏农业科学，4：301-302.

范云爽，戴丽，蒋云东. 2010. 人工湿地处理污染河水和湿地植物腐烂分解影响研究. 环境科学导刊，29(3)：42-45.

高俊凤. 2012. 植物生理学实验指导. 北京：高等教育出版社.

贺志勇，曾秋云. 2005. 某中成药制药废水治理工程应用实例. 环境保护，6：39-41.

胡文琴，王恬，孟庆利. 2004. 抗氧化活性肽的研究进展. 中国油脂，29(5)：42- 45.

黄树永，陈良存. 2005. 烟草碳氮代谢研究进展. 河南农业科学，4：8 -11.

江昌俊，余有本. 2001. 苯丙氨酸解氨酶的研究进展(综述). 安徽农业大学学报，28 (4)：425-430.

刘晖，刘晶晶，谭竹. 2012. 五种挺水植物对矿山废水中锰的去除效能比较. 环境科学与管理，37(8)：68-72.

柳玲，吕金印，张微. 2010. 不同浓度 Cr^{6+} 处理下芹菜的铬累积量及生理特性. 核农学报，24(3)：639-644.

罗群，唐自慧，李路娥，等. 2006. 干旱胁迫对9种菊科杂草可溶性蛋白质的影响. 四川师范大学学报(自然科学版)，29(3)：356-359.

潘兴树，尹念辅，李铁松. 2011. 新型人工湿地对磷的去除特征研究. 环境科学与管理，36(9)：89-92.

宋柏权，刘丽君，董守坤，等. 2009. 大豆不同碳代谢产物含量变化研究. 大豆科学，28(4)：654-657.

宋晓峰. 2009. 盐逆境条件下盐芥还原型维生素C含量变化情况. 现代农业科技，15：78-81.

王爱国，罗光华. 1990. 植物的超氧化物自由基与羟胺反应的宣关系. 植物生理学通讯，26(60：55-57.

王爱云，黄姗姗，钟国锋，等. 2012. 铬胁迫对3 种草本植物生长及铬积累的影响. 环境科学，33(6)：2028-2037.

王爱云，黄姗姗. 2010. 草本植物对铬污染的响应. 西北农业学报，19(7)：164-167.

王保义，李苏，刘鹏，等. 2006. 荞麦叶内抗氧化酶系统对铝胁迫的响应. 生态环境，15(4)：818-821.

吴荣生，焦德茂，李黄振，等. 1993. 杂交稻旗叶衰老过程中超氧阴离子自由基与超氧物歧化酶活性的变化. 中国水稻科学，7(1)：51-54.

吴志华，曾富华，马生健. 2004. ABA对PEG胁迫下狗牙根可溶性蛋白质的影响. 草业学报，13(5)：75-78

徐德福，李映雪，方华，等. 2009. 4 种湿地植物的生理性状对人工湿地床设计的影响. 农业环境科学学报，28(3)：587-591.

徐振柱，于振文，董庆裕，等. 1997. 水分胁迫对冬小麦旗叶细胞质膜及叶肉细胞超微结构的影响. 作物学报，23 (3)：370-375.

严明理，冯涛，向言词，等. 2009. 铀尾沙对油菜幼苗生长和生理特征的影响. 生态学报，29(8)：4215-4222.

晏斌，戴秋杰，刘晓忠，等. 1995. 玉米叶片涝渍伤害过程中超氧阴离子自由基的积累. 植物学报，37(9)：738-744.

曾永三，王振中. 1999. 苯丙氨酸解氨酶在植物抗病反应中的作用. 仲恺农业技术学院学报，12(3)：56-65.

张昌存，高洁. 2011. 铬诱导下薄荷的氧化胁迫响应和铬分布. 西南大学学报(自然科学版)，33(2)：64-69.

张治安，王振民，徐克章，等. 2005. Cd 胁迫对萌发大豆种子中活性氧代谢的影响. 农业环境科学学报，24(6)：670-673.

赵安娜，柯凡，郭萧，等. 2010. 复合型人工湿地模型对污水厂尾水的深度净化效果. 生态与农村环境学报，26（6）：579-585.

邹清成，朱开元，刘慧春，等. 2011. 外源茉莉酸甲酯对非生物胁迫下蝴蝶兰幼苗叶绿素荧光和抗氧化指标的影响. 植物生理学报，47(9)：913-917.

Becana M. 2000. Reactive oxygen species and antioxidants in legume nodules. Physiology Plant，109：372-381.

Camp W V，Capiauk C，Momtagu M V，et al. 1996. Enhancement or oxidatives stress tolerance in transgenic tobacco plants overproducing Fe-superoxide dismutase in chloroplasts [J]. Plant Physiology，112(4)：1703-1714.

Cao H Q，Ge Y，Liu D，et al. 2011. NH_4^+ /NO_3^- ratio affect Ryegrass（*Lolium perenne* L.）growth and N accumulation in a hydroponic system. Journal of Plant Nutrition，34：1-11.

Hoagland D R，Arnon D I. 1950. The water culture method for growing plants without soil . California Agricultural Experiment Station Circular，347：1-32.

Jiang F Y，Chen X，Luo A C. 2009. Iron plaque formation on wetland plants and its influence on phosphorus，calcium and metal uptake. Aquatic Ecology，43(4)：879-890.

Lin Ye，Jing S R，Lee D Y，et al. 2002. Nutrient removal from aquaculture wastewater using a constructed wetlands system. Aquaculture，209(1-4)：169-184.

Liu D，Ge Y，Chang J，et al. 2009. Constructed wetlands in China：recent developments and future challenges. Frontiers in Ecology and the Environment，7(5)：261-268.

Zettersrom R.，Eiljkman C，Sir Hopkins F. 2006. The dawn of Vitamins and other essential nutritional growth factors. Acta Paediatrica，95(11)：1331-1333.

第 7 章　结论与展望

7.1　主 要 结 论

本书在处理生活污水的复合垂直流结构的人工湿地中，开展了BEF关系研究，探讨了高氮供应下人工湿地中植物多样性与生产力、基质无机氮、营养季节动态的关系，得到了如下主要结论。

7.1.1　高氮供应下植物多样性与生产力的关系

(1) 2007 年生产力随物种丰富度（即物种丰富度）增加而增加，二者呈显著正相关关系；2008 年植物物种丰富度与生产力呈单峰曲线关系，物种丰富度增加的总体效应可以通过生产力与物种数的二次函数关系（$y=-0.213x^2+3.455x+15.190$，$r=0.215$）得到较好的体现；同时，2007 年群落生产力随着植物功能群丰富度（即功能群丰富度）的增加而显著增加，而 2008 年并不显著增加。因而，本研究表明：高氮供应下，植物多样性对群落生产力具有显著影响，且群落生产力与植物多样性的关系在 2 年中表现不同。

(2) 2007 年与 2008 年中物种组成对群落生产力都有显著影响，这是由于不同物种间在生长率、资源利用能力及功能特征方面存在较大的差异。就功能群组成而言，只有 C_3 草本植物对生产力有显著正效应，其他功能群（即 C_4 草本植物、豆科植物、非禾本草本植物）对生产力没有显著影响。因而，本研究表明：高氮供应下，物种的功能特性及不同物种间的相互作用关系对植物多样性与生产力关系格局有重要影响。

(3) 物种丰富度与群落生产力呈单峰格局，且峰值出现在丰富度为 4 时，这说明 4 个物种的生产力比较稳定，且 4 个物种的组合人工可操作性强，适宜在人工湿地中推广运用。同时，高生产力的小区并没有高的氨硝含量，这说明在人工湿地的植物配置中要选择中等生产力和中等氨硝含量的组合（如斑茅、芦苇、山类芦和芦竹）。因此，在物种丰富度管理中保持在中度多样性时能达到生态系统功能的最大化。

(4)在2007年与2008年中大多数实验小区没有超产效应，即混种小区的生产力常低于对应的单种小区中的最高值，这说明选择效应对生产力的影响占主导，即取样效应的强度要大于互补效应，但不能排除互补效应的存在。同时，在2007年功能群组成对超产效应有显著影响，而在2008年没有显著影响，且2年中植物多样性对超产效应都没有显著影响。因而，高氮供应下，选择效应对生产力的贡献大于互补效应，说明单种时生产力高的物种在混种群落中生产力占优势，但是部分小区存在的超产效应主要是由于资源合理分配与物种间的正相互作用。

(5)本实验中，2007年与2008年中单种最高产的物种(芦竹)在混种群落中生产力比例是随着物种丰富度的增加而显著降低的，这表明单种最高产的物种(芦竹)在混种时并不一定表现为高产，其原因包括生长的分配与竞争、对不同资源的竞争能力、在特定环境中资源的变化等。

7.1.2 高氮供应下植物多样性与基质无机氮的关系

(1)2007年与2008年中物种丰富度与基质硝态氮都呈显著正相关，这与大多数氮限制草地的多样性实验结果不同；基质铵态氮在各物种丰富度水平之间在2007年无显著差异，而在2008年呈负响应，即基质铵态氮随物种丰富度增加而减少。植物物种丰富度与基质氮矿化速率、硝化速率和相对硝化率都呈显著正相关，而功能群丰富度则不相关。因而，本研究表明：高氮供应下，物种多样性对人工湿地中基质无机氮的固持能力与氮矿化过程都有显著影响。

(2)物种组成对基质无机氮在2007年与2008年中均有显著影响，而功能群组成对基质无机氮均没有显著影响。同时，2007年与2008年中各多样性水平内基质无机氮变化幅度都较大，且不同物种组成对基质氮矿化速率、硝化速率和相对硝化率这3个氮转化过程有显著影响，功能群组成对它们没有显著影响。因而，高氮供应下，不同的物种组合对人工湿地中基质无机氮的固持能力与氮转化过程有重要影响。

7.1.3 高氮供应下植物多样性与基质营养季节动态的关系

(1)基质营养季节动态的实验表明，在四季(即春季(2008年4月)、夏季(2008年7月)、秋季(2008年10月)与冬季(2009年1月))中，除了冬季(1月)中物种丰富度与基质铵态氮、可溶性磷、有机质显著相关，以及秋季(10月)中物种丰富度与基质可溶性磷显著相关外，其他季节物种丰富度与基质无机氮、可溶性磷、有机质都没有显著的相关性；各季节中功能群丰富度对营养也没有显著影响，各季节中物种组成对基质无机氮、可溶性磷、有机质都有极显著影响。因而，本研究表明：高氮供应下，在衡量植物多样性对基质营养季节动态的影响时，一般是植物组成和物种丰富度要比功能群丰富度更有说服力。

(2) 本书中基质无机氮夏季(2008 年 7 月)的值最高，冬季(2009 年 1 月)或春季(2008 年 4 月)的无机氮都较低，因为夏季(2008 年 7 月)为植物生长的迅速期，植物对无机氮的吸收与固持能力也非常强，而 1 月或 4 月是在冬季或春季中处于植物生长初期，温度低，根区微生物活动较弱，从而植物根对无机氮的固持能力较弱。秋季(2008 年 10 月)的基质可溶性磷值最低，因为 10 月份的基质样品正好是植物刚收割(9 月底)以后采集的，且植物生长在 9 月底达到高峰，此时植物生长对磷的需求最大，且植物开花结果也需要大量的磷，同时本研究也表明秋季是人工湿地除磷的最佳季节。夏季(2008 年 7 月)的有机质值最低，这主要是由于在高温下有机质分解较快，且夏季植物对有机质的吸收能力最强，同时有机质值表现出的季节动态变化趋势(即有机质在冬春季的值比夏季的高)与已有的相关报道一致。因而，高氮供应下，基质营养(无机氮、可溶性磷、有机质)的季节动态变化趋势与植物的生长周期及其对营养需求规律相吻合。

7.1.4　铬胁迫对湿地植物生理生态与铬积累的影响

(1) 美人蕉的叶绿素 a、叶绿素 b 及叶绿素总量随铬胁迫浓度增加而先增后降，其与对照相比整体呈现增加趋势，叶绿素 a/b 呈现下降趋势。MDA、GSH 含量在铬胁迫浓度为 $20mg\cdot L^{-1}$ 时，美人蕉的 MDA、GSH 含量最高，其变化趋势为先升后降。不同浓度胁迫下 Pro 含量无显著差异，但超氧阴离子含量是先降后升。SOD、CAT、POD 和 PAL 活性变化趋势随铬胁迫浓度的增加先升高后降低。Pn、Gs 随铬胁迫浓度增加而先增加后迅速下降，Pn 在不同铬胁迫之间存在显著差异，但在 $40mg\cdot L^{-1}$ 胁迫下与对照基本持平。Gs 在浓度小于 $40mg\cdot L^{-1}$ 时不存在显著差异，Tr 和 Ci 在铬胁迫浓度不高于 $20mg\cdot L^{-1}$ 时变化不显著，在铬胁迫浓度为 $40mg\cdot L^{-1}$ 时，Tr 开始迅速下降。总之，美人蕉能适应一定浓度的铬胁迫，并做出相应的生理生态调整，具有较强适应力和耐污力，可作为处理含铬废水的湿地植物备选物种之一。

(2) 随着铬胁迫浓度的增加，菖蒲的叶绿素、可溶性蛋白质含量、CAT 和 POD 活性有所增加，可溶性糖、维生素 C 含量呈下降趋势，根系活力、还原型 GSH、MDA 的含量均为先增后降的趋势，而超氧阴离子自由基含量先降后增。菖蒲株高、根长在 Cr 胁迫低($5mg\cdot L^{-1}$、$10mg\cdot L^{-1}$)、中($20\ mg\cdot L^{-1}$)浓度时没有显著变化，在高浓度($40mg\cdot L^{-1}$、$60\ mg\cdot L^{-1}$)时下降，但地上、下部干重，根冠比、耐性指数在铬胁迫时均下降，且铬在菖蒲亚细胞中的分布没有显著差异。在铬胁迫下，菖蒲地上和地下部分铬积累浓度显著升高，低浓度时对铬的转运系数显著高于在中、高胁迫浓度时的值，且地上、下部富集系数均表现为在低、中胁迫浓度时的值较高，而在高浓度胁迫时较低。因此，菖蒲对水体中铬具有较强的积累、转运和富集能力，可以用于修复水体铬污染的人工湿地工程技术中。

(3)在 Cr 胁迫下，再力花各器官生物量为：根＞茎＞叶。各器官中 Cr 含量及积累量随 Cr 浓度增加而增加，且根中 Cr 含量及积累量均显著高于茎、叶。Cr 处理浓度为 60 $mg \cdot L^{-1}$ 时，根、茎、叶中的 Cr 含量达到最大；Cr 处理浓度为 60 $mg \cdot L^{-1}$ 时，根、茎中的 Cr 积累量达到最大，而叶积累量在处理浓度为 40 $mg \cdot L^{-1}$ 时最大。Cr 在再力花根、叶亚细胞中分布顺序为：细胞壁＞胞液＞细胞器，而在茎亚细胞中 Cr 大部分存在于细胞器中，而在细胞壁和胞液中较少。再力花对铬的耐性指数和滞留率随着 Cr 处理浓度的增加而显著上升，且 Cr 转运系数较低，根部对 Cr 的固持能力较强，而且地上部分对铬的富集系数较高。再力花具有较强的铬积累力、耐受力和适应力，说明以再力花为主的人工湿地在处理含铬废水中具有广阔应用潜力。

(4)茭白各器官中的 Cr 积累量从高到低顺序为根、茎、叶，表明根部较高的铬积累量有利于减轻过量铬对茎叶器官的毒害作用。低浓度 Cr 对茭白生长具有一定的促进作用，而在高浓度 Cr 处理时具有明显的抑制作用；茭白表现出较强的转运能力，能将水体中的重金属离子转运到地上部分。同时，本研究也说明了由于细胞壁的保护，Cr 较难进入细胞内部。因而，本研究结果为茭白在修复水体中铬污染的推广运用提供了实验依据。

(5)在 Cr(Ⅵ)胁迫下，芦竹各器官生物量为：茎＞叶＞根。各器官中 Cr 含量及积累量随 Cr 浓度增加而增加，且根中 Cr 含量及积累量均显著高于茎、叶。Cr 处理浓度为 60 $mg \cdot L^{-1}$ 时，根、茎、叶中 Cr 含量达到最大；Cr 处理浓度为 10 $mg \cdot L^{-1}$ 时，根、叶中 Cr 积累量达到最大(分别为 19.19mg·株$^{-1}$ 和 177.21 mg·株$^{-1}$)，而茎积累量在 40 $mg \cdot L^{-1}$ 时最大(39.37 mg·株$^{-1}$)。Cr 在芦竹体内的转运能力较低，绝大部分 Cr 积累在地下部位。Cr 在芦竹叶亚细胞中分布顺序为：细胞壁＞胞液＞细胞器；在根、茎亚细胞中为：胞液＞细胞壁＞细胞器。由此可知，芦竹具有较强的铬积累力、耐受力和适应力，适合应用于水体或土壤的铬污染修复。

7.1.5 中药废水对湿地植物生理生化的影响

(1)在中药废水胁迫下，再力花叶片叶绿素含量均有不同程度的下降，并且叶绿素含量与胁迫浓度之间呈现显著负相关，表明废水胁迫导致再力花对光能的利用效率降低。在中药废水胁迫下，再力花叶片中超氧阴离子自由基含量变化与 SOD、POD、CAT 活性变化规律相一致，表明植物体内清除自由基的酶系统对于降低超氧阴离子自由基的毒害发挥了重要的作用。在中药废水胁迫下，再力花根系活力及 MDA、Pro、维生素 C 含量均显著降低，这表明废水胁迫下细胞膜系统并未受到较大的破坏，而谷胱甘肽含量的显著增加，能有效清除体内的自由基从而减轻毒害。同时，PAL 活性的变化也说明了再力花在胁迫环境下产生了积极的响应机制，以增加植物对逆境的适应性。因而，本研究表明再力花在中药废水胁迫下具有较强的抗逆性与耐受性，完全可应用于多个浓度中药废水的生物降解，并可以作为人工湿地处理中药废水的主要植物之一。

(2) 在中药废水胁迫下，茭白叶片叶绿素含量均有不同程度的下降，并且叶绿素含量与营养液中添加的外源中药废水浓度之间呈现显著负相关，表明中药废水胁迫导致茭白对光能的利用效率降低。茭白叶片可溶性蛋白质还原糖、可溶性总糖、淀粉和纤维素含量有不同的变化，充分说明了中药废水在低浓度时能诱导新的蛋白质产生，增加碳水化合物(糖类)的合成以抵抗中药废水的胁迫，以减轻硝酸盐在植物体内累积带来的毒害，植物体内清除超氧阴离子自由基的能力也显著下降，但可以通过维生素 C、GSH、MDA、SOD 活性水平的调节，以减轻其受伤害程度。根系活力、Pro 含量以及 POD、CAT、PAL 活性随着中药废水处理浓度总体上呈上升趋势，以增加植物逆境的抗逆性。因而，本研究表明茭白在中药废水胁迫下具有一定的抗逆性与耐受性，可以作为处理中药废水的人工湿地植物之一。

(3) 中药废水胁迫对菖蒲根系活力、叶绿素、脯氨酸、可溶性糖和 MDA 的含量以及 SOD、POD、CAT 的活性等 8 个生理指标的影响结果显示，中药废水胁迫下，菖蒲叶绿素 a、叶绿素 b 和脯氨酸的含量均显著下降，而 MDA 和可溶性糖的含量均显著上升，根系活力则先增后降；同时，菖蒲 SOD 和 CAT 的活性在中药废水胁迫下显著下降，而 POD 活性是显著上升的，且在胁迫浓度高时成倍增长。因而，本研究表明，菖蒲通过调节各种生理生化指标以增强对中药废水胁迫的抗逆能力和耐受能力，可作为人工湿地处理中药废水的备选植物之一，但其处理效果与机理仍有待于深入研究。

7.2　本研究与其他多样性研究的对比分析

1. 主要研究对象与目的的对比分析

在BEF关系的实验研究中，自然和人工草地被生态学家作为主要的实验手段。然而，这些草地实验都是氮限制的生态系统，所以他们的实验目的是通过植物多样性与生产力、基质营养循环关系的研究，找出生产力高且对基质营养资源利用能力较强的多样性组成，为草地植物的可持续生长与利用提供实验依据，并为草原管理提供理论基础。

然而，本研究在高氮供应下复合垂直流人工湿地中构建人工草本植物群落，通过对植物多样性与生产力、基质营养关系的研究，找出了生产力高且基质营养固持能力强的植物组合，为人工湿地处理污水效果的改善提供了最佳的植物配置，并为高氮环境中 BEF 关系的研究提供了实验模式。

2. 主要研究方法的对比分析

本研究与其他多样性研究一样，在多样性实验样地中，配置不同物种丰富度、功能群丰富度、物种组成与功能群组成等来构建人工的植物生态系统，用于开展植物多样性与生态系统功能(如生产力、营养循环)关系研究的实验，并测定生产力、基质营养(如无机氮、可溶性磷、有机质，且它们是植物生长所需的主要元素，即 C、N、P)含量等指标。更为重要的是，本研究中基质营养含量数据的重复性、精密性与真实性都很好，从而保证了本研究的科学性。

3. 主要研究内容的对比分析

本研究与其他大多数多样性研究一样，主要探讨了植物多样性对生产力与基质营养的影响，这也是 BEF 关系研究的热点与关键问题，而且本研究还探讨了植物多样性对基质营养季节动态的影响机制，这为基质营养动力学的研究提供了范例。更为重要的是，在氮沉降增加越来越严重的今天，本研究的高氮条件下多样性实验可以为其他高氮环境下 BEF 关系的研究提供成功的典范。

4. 主要研究结论的对比分析

本研究与其他多样性研究一样，物种丰富度与生产力呈显著正相关或单峰格局关系，这表明在氮沉降加重的大背景下，植物群落能适应新的环境以保持强烈的资源竞争能力，以达到高的生产力。本研究中基质硝态氮随着物种丰富度增加而显著增加，这与大多数氮限制草地生态系统的实验研究结果不同，这反映在高氮下与氮限制下的植物多样性对基质营养动力学的影响机制有所不同。因而，本研究的高氮供应环境能促进物种间的资源分配潜力，并使物种丰富度与生产力、基质营养的关系变得更为复杂和更为强烈。

7.3 研 究 展 望

尽管本研究对人工湿地中的 BEF 关系进行了较为系统地研究，并为中国今后在该领域的进一步研究奠定了基础，但本研究仍有许多需要改进之处。同时，由于 BEF 关系和人工湿地所涉及机理的复杂性和领域的广泛性，虽然有些机理研究已经得到初步的验证与认可，但是仍有许多问题需要进一步探讨。以后的研究应主要集中在以下内容：

(1) 本书研究了人工湿地中植物多样性对生产力与基质营养的影响，然而，在人工湿地中具体物种(即单个物种)对生产力与基质营养的作用仍需要进一步研究，以筛选出生产力高且基质营养固持能力强的植物物种或物种组合，为人工湿地的植物种类选择和配置提供新的实验依据。

(2) 开展在沙基中模拟人工湿地的小区实验，以研究可控条件下人工湿地常用植物的生产力和氮的去除能力，分析模拟小区的进出流，并研究人工湿地中植物多样性与微生物群落、酶活性及群落水平的生理指标的关系，以进一步理解植物根区微生物主导的氮过程。

(3) 有关 BEF 关系的研究，因研究对象、研究方法等不同而得出不同的结论，从而表现为 BEF 关系极其复杂，任何单一的实验研究都难以概括其所有的关系格局及作用机理，因而在从某一具体研究得出的结论推断其他系统的动态或变化时，需持谨慎态度。因而，今后的多样性研究重点应集中在不同的生态系统中生物或非生物因素的变化对 BEF 关系的多重影响。